Shahin Asadi

Vinte e duas novas mutações nos genes do tRNA mitocondrial em doentes

Shahin Asadi

Vinte e duas novas mutações nos genes do tRNA mitocondrial em doentes

ScienciaScripts

Imprint

Cover image: www.ingimage.com

This book is a translation from the original published under ISBN 978-3-659-83080-8.

Publisher:
Sciencia Scripts
is a trademark of
Dodo Books Indian Ocean Ltd. and OmniScriptum S.R.L publishing group

120 High Road, East Finchley, London, N2 9ED, United Kingdom
Str. Armeneasca 28/1, office 1, Chisinau MD-2012, Republic of Moldova, Europe
Printed at: see last page
ISBN: 978-620-8-25503-9

Índice:

Vinte e duas novas mutações nos genes tRNA mitocondriais em doentes com doença de Alzheimer

Tabriz, Irão

Shahin Asadi (estudante de Genética Molecular, BS.Molecular Cell Biology-Genetics, MS.c Molecular Biology and Genetics)

Autor;shahin Asadi
Clube de Jovens Investigadores e Elite, Secção de Tabriz, Islâmica Universidade Azad, Tabriz, Irão.
Endereço de correio eletrónico;shahin.asadi1985@gmail.com
Tell;+984134474829,+989379923364
Código Postal; IRAN- Tabriz; **5178856651**
Endereço;Irão,Tabriz,st.Railway,alley.Behrad,No.37

Capítulo 1
Introdução

A doença de Alzheimer (**DA**), também conhecida como **doença de Alzheimer**, ou simplesmente **Alzheimer**, representa 60% a 70% dos casos de demência.[1][2] Trata-se de uma doença neurodegenerativa crónica que geralmente começa lentamente e se agrava com o tempo.[1][2] O sintoma inicial mais comum é a dificuldade em recordar acontecimentos recentes (perda de memória a curto prazo).[1] À medida que a doença avança, os sintomas podem incluir problemas de linguagem, desorientação (incluindo perder-se facilmente), alterações de humor, perda de motivação, incapacidade de gerir os cuidados pessoais e problemas comportamentais.[1][2] À medida que a doença se agrava, a pessoa afasta-se frequentemente da família e da sociedade.[1] Gradualmente, as funções corporais vão-se perdendo, acabando por conduzir à morte.[3] Embora a velocidade de progressão possa variar, a esperança média de vida após o diagnóstico é de três a nove anos.[4][5]

A causa da doença de Alzheimer é pouco conhecida.[1] Pensa-se que cerca de 70% do risco é genético, estando normalmente envolvidos muitos genes.[6] Outros factores de risco incluem um historial de ferimentos na cabeça, depressão ou hipertensão.[1] O processo da doença está associado a placas e emaranhados no cérebro.[6] O diagnóstico provável baseia-se na história da doença e em testes cognitivos com imagiologia médica e análises ao sangue para excluir outras causas possíveis.[7] Os sintomas iniciais são frequentemente confundidos com o envelhecimento normal.[1] Para um diagnóstico definitivo, é necessário um exame do tecido cerebral.[6] O exercício físico e mental e o facto de evitar a obesidade podem diminuir o risco de DA.[6] Não existem medicamentos ou suplementos que diminuam o risco.[8]

Nenhum tratamento pára ou inverte a sua progressão, embora alguns possam melhorar temporariamente os sintomas.[2] As pessoas afectadas dependem cada vez mais da ajuda de outros, o que muitas vezes sobrecarrega o prestador de cuidados; as pressões podem incluir elementos sociais, psicológicos, físicos e económicos.[9] Os programas de exercício físico são benéficos no que diz respeito às actividades da vida diária e podem potencialmente melhorar os resultados.[10] O tratamento de problemas comportamentais ou psicose devido à demência com antipsicóticos é comum, mas geralmente não é recomendado devido ao facto de muitas vezes haver poucos benefícios e um risco acrescido de morte precoce.[11][12]

Em 2010, existiam entre 21 e 35 milhões de pessoas com doença de Alzheimer em todo o mundo.[2][4] A doença começa mais frequentemente em pessoas com mais de 65 anos de idade, embora 4% a 5% dos casos sejam de Alzheimer precoce, que começam antes dessa idade.[13] Afecta cerca de 6% das pessoas com 65 anos ou mais.[1] Em 2010, a demência causou cerca de 486.000 mortes.[14] A doença foi descrita pela primeira vez pelo psiquiatra e patologista alemão Alois Alzheimer em 1906, que lhe deu o nome.[15] Nos países desenvolvidos, a doença de Alzheimer é uma das doenças mais dispendiosas do ponto de vista financeiro.[16][17]

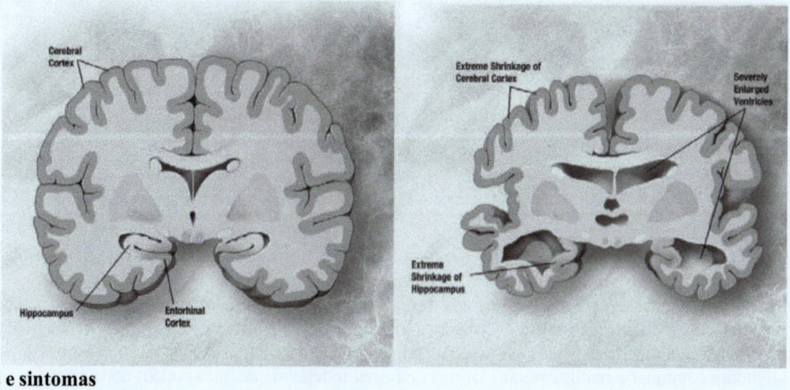

Sinais e sintomas

O curso da doença divide-se em quatro estádios, com um padrão progressivo de comprometimento cognitivo e funcional.

Pré-demência

Os primeiros sintomas são frequentemente atribuídos, por engano, ao envelhecimento ou ao stress.[19] Testes neuropsicológicos detalhados podem revelar dificuldades cognitivas ligeiras até oito anos antes de uma

pessoa preencher os critérios clínicos para o diagnóstico de DA.[20] Estes sintomas precoces podem afetar as actividades mais complexas da vida diária.[21] O défice mais notório é a perda de memória a curto prazo, que se manifesta pela dificuldade em recordar factos recentemente aprendidos e pela incapacidade de adquirir novas informações.[20][22]
Problemas subtis com as funções executivas de atenção, planeamento, flexibilidade e pensamento abstrato, ou deficiências na memória semântica (memória de significados e relações entre conceitos) podem também ser sintomáticos das fases iniciais da DA.[20] A apatia pode ser observada nesta fase e continua a ser o sintoma neuropsiquiátrico mais persistente ao longo do curso da doença.[23] São também comuns os sintomas depressivos, a irritabilidade e uma menor perceção de dificuldades subtis de memória.[24] A fase pré-clínica da doença é também designada por défice cognitivo ligeiro (MCI).[22] Esta é frequentemente considerada uma fase de transição entre o envelhecimento normal e a demência. O DCL pode apresentar-se com uma variedade de sintomas e, quando a perda de memória é o sintoma predominante, é designado por "DCL amnéstico" e é frequentemente visto como uma fase prodrómica da doença de Alzheimer.[25]

Cedo

Nas pessoas com DA, a deterioração crescente da aprendizagem e da memória acaba por conduzir a um diagnóstico definitivo. Numa pequena percentagem, as dificuldades com a linguagem, as funções executivas, a perceção (agnosia) ou a execução de movimentos (apraxia) são mais proeminentes do que os problemas de memória.[26] A DA não afecta igualmente todas as capacidades de memória. As memórias mais antigas da vida da pessoa (memória episódica), os factos aprendidos (memória semântica) e a memória implícita (a memória do corpo sobre como fazer as coisas, como usar um garfo para comer) são afectados em menor grau do que os novos factos ou memórias.[27][28]

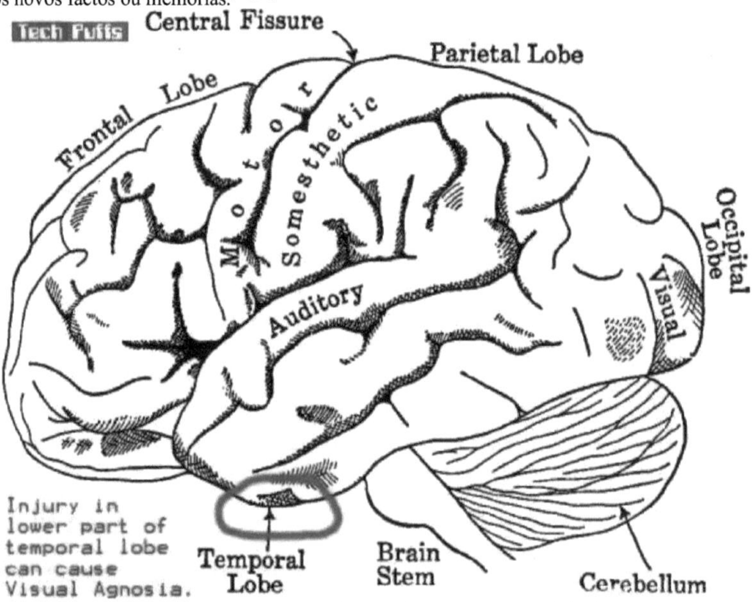

Os problemas de linguagem caracterizam-se principalmente por uma diminuição do vocabulário e da fluência das palavras, o que leva a um empobrecimento geral da linguagem oral e escrita.[26][29] Nesta fase, a pessoa com doença de Alzheimer é geralmente capaz de comunicar ideias básicas de forma adequada.[26][29][30] Durante a execução de tarefas motoras finas, como escrever, desenhar ou vestir-se, podem estar presentes certas dificuldades de coordenação e planeamento dos movimentos (apraxia), mas que normalmente passam despercebidas.[26] À medida que a doença progride, as pessoas com DA podem frequentemente continuar a realizar muitas tarefas de forma independente, mas podem necessitar de assistência ou supervisão nas actividades cognitivamente mais exigentes.[26]

Moderado

A deterioração progressiva acaba por impedir a independência, sendo os indivíduos incapazes de realizar as actividades mais comuns da vida diária.[26] As dificuldades na fala tornam-se evidentes devido à incapacidade de recordar o vocabulário, o que leva a frequentes substituições incorrectas de palavras (parafasias). As capacidades de leitura e de escrita também se perdem progressivamente.[26][30] As sequências motoras complexas tornam-se menos coordenadas com o passar do tempo e com a progressão da doença de Alzheimer, o que aumenta o risco de queda.[26] Durante esta fase, os problemas de memória agravam-se e a pessoa pode não reconhecer os seus familiares próximos.[26] A memória a longo prazo, que anteriormente estava intacta, torna-se mais fraca.[26]

As alterações comportamentais e neuropsiquiátricas tornam-se mais prevalentes. As manifestações mais comuns são a deambulação, a irritabilidade e a instabilidade afectiva, que conduzem ao choro, a explosões de agressividade não premeditadas ou à resistência à prestação de cuidados.[26] Pode também surgir o adormecimento.[31] Cerca de 30% das pessoas com DA desenvolvem erros de identificação ilusórios e outros sintomas delirantes.[26] Os indivíduos também perdem a noção do seu processo de doença e das suas limitações (anosognosia).[26] Pode desenvolver-se incontinência urinária.[26] Estes sintomas criam stress para os familiares e prestadores de cuidados, que pode ser reduzido através da transferência da pessoa dos cuidados domiciliários para outras instalações de cuidados prolongados.[26][32]

Avançado

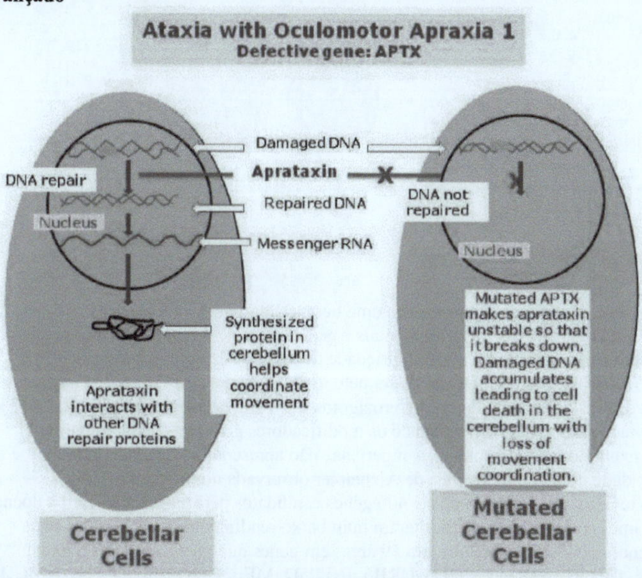

Durante as fases finais, o doente fica completamente dependente dos prestadores de cuidados.[26] A linguagem reduz-se a frases simples ou mesmo a palavras isoladas, acabando por levar à perda total da fala.[26][30] Apesar da perda das capacidades de linguagem verbal, as pessoas conseguem frequentemente compreender e responder a sinais emocionais. Embora a agressividade possa ainda estar presente, a apatia extrema e a exaustão são sintomas muito mais comuns. As pessoas com doença de Alzheimer acabam por não conseguir realizar as tarefas mais simples de forma autónoma; a massa muscular e a mobilidade deterioram-se ao ponto de ficarem acamadas e incapazes de se alimentarem sozinhas. A causa da morte é geralmente um fator externo, como uma infeção de úlceras de pressão ou uma pneumonia, e não a própria doença.[26]

Causa

A causa da maioria dos casos de Alzheimer é ainda desconhecida, exceto em 1% a 5% dos casos em que foram identificadas diferenças genéticas.[33]

Existem várias hipóteses concorrentes que tentam explicar a causa da doença:

Genética

A hereditariedade genética da doença de Alzheimer (e dos seus componentes de memória), com base em revisões de estudos de gémeos e familiares, varia entre 49% e 79%.[34][35] Cerca de 0,1% dos casos são formas familiares de hereditariedade autossómica (não ligada ao sexo) dominante, que têm um início antes dos 65 anos.[36] Esta forma da doença é conhecida como doença de Alzheimer familiar de início precoce. A maior parte da doença de Alzheimer familiar autossómica dominante pode ser atribuída a mutações num de três genes: os que codificam a proteína precursora amiloide (APP) e as presenilinas 1 e 2.[37] A maioria das mutações nos genes da APP e da presenilina aumenta a produção de uma pequena proteína chamada AP42, que é o principal componente das placas senis.[38] Algumas das mutações apenas alteram o rácio entre *a Afi42* e as outras formas principais - em particular a A040 - sem aumentar os níveis de AP42.[39][40] Este facto sugere que as mutações da presenilina podem causar doença mesmo que reduzam a quantidade total de Ap produzida e pode indicar outros papéis da presenilina ou um papel para alterações na função da APP e/ou dos seus fragmentos que não a Ap. Existem variantes do gene da APP que são protectoras.[41]

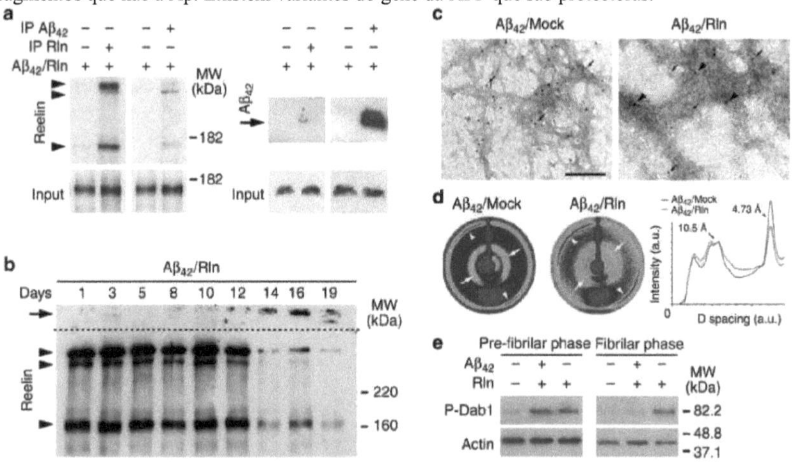

A maioria dos casos de doença de Alzheimer não apresenta uma herança autossómica dominante e é designada por DA esporádica, na qual as diferenças ambientais e genéticas podem atuar como factores de risco. O fator de risco genético mais conhecido é a hereditariedade do alelo e4 da apolipoproteína E (APOE).[42][43] Entre 40 e 80% das pessoas com DA possuem pelo menos um alelo APOEe4.[43] O alelo APOEe4 aumenta o risco da doença em três vezes nos heterozigotos e em 15 vezes nos homozigotos.[36] Tal como em muitas doenças humanas, os efeitos ambientais e os modificadores genéticos resultam numa penetrância incompleta. Por exemplo, certas populações nigerianas não apresentam a relação entre a dose de APOEe4 e a incidência ou a idade de início da doença de Alzheimer observada noutras populações humanas.[44][45] As primeiras tentativas de rastreio de até 400 genes candidatos para associação com a doença de Alzheimer esporádica de início tardio (LOAD) resultaram num baixo rendimento.[36][37] Estudos mais recentes de associação do genoma (GWAS) encontraram 19 áreas em genes que parecem afetar o risco.[46] Estes genes incluem: CASS4, CELF1, FERMT2, HLA-DRB5, INPP5D, MEF2C, NME8, PTK2B, SORL1, ZCWPW1, SlC24A4, CLU, PICALM, CR1, BIN1, MS4A, ABCA7, EPHA1 e CD2AP.[46]

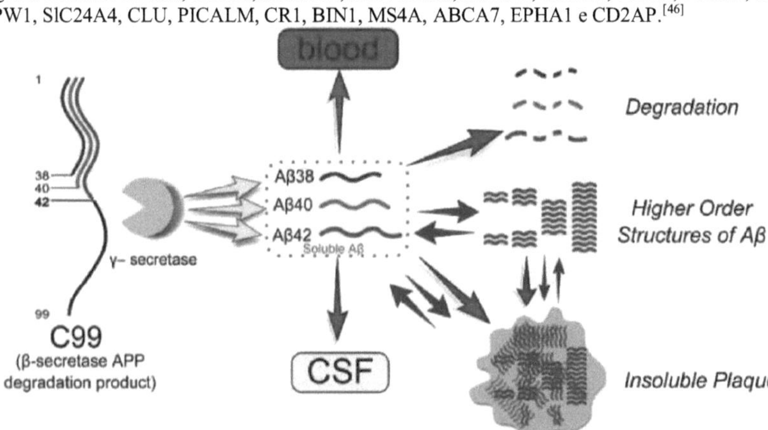

As mutações no gene TREM2 têm sido associadas a um risco 3 a 5 vezes superior de desenvolver a doença de Alzheimer.[47][48] Um mecanismo de ação sugerido é que, quando o TREM2 sofre uma mutação, os glóbulos brancos do cérebro deixam de ser capazes de controlar a quantidade de beta amiloide presente.

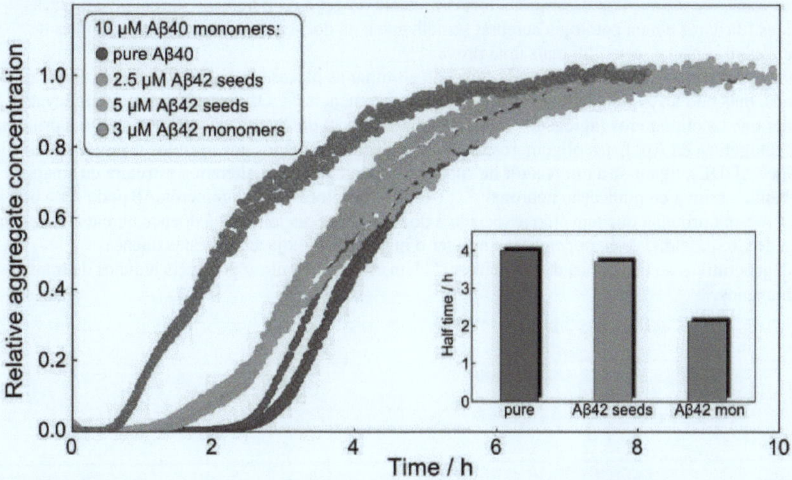

Hipótese colinérgica

A mais antiga, na qual se baseia a maioria das terapias medicamentosas atualmente disponíveis, é a *hipótese colinérgica*,[49] que propõe que a DA é causada por uma síntese reduzida do neurotransmissor acetilcolina. A hipótese colinérgica não tem mantido um apoio generalizado, em grande parte porque os medicamentos destinados a tratar a deficiência de acetilcolina não têm sido muito eficazes. Foram também propostos outros efeitos colinérgicos, por exemplo, o início da agregação em grande escala de amiloide,[50] levando a uma neuroinflamação generalizada.[51]

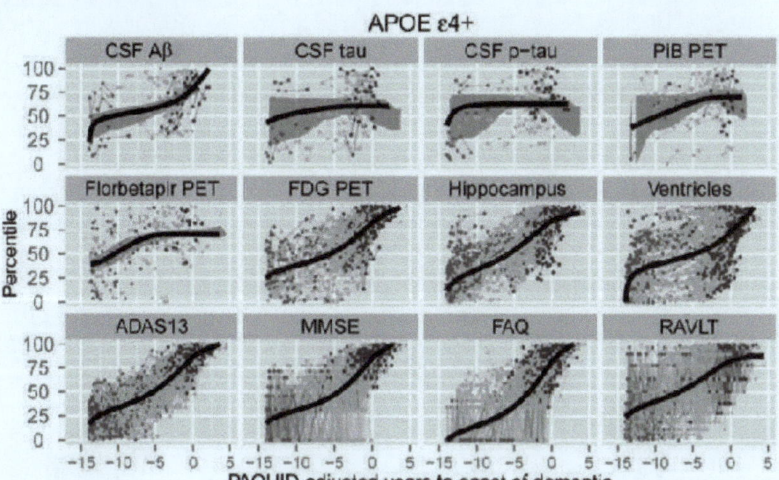

Hipótese amiloide

Em 1991, a *hipótese amiloide* postulou que os depósitos extracelulares de beta amiloide (Ap) são a causa fundamental da doença.[52][53] Este postulado é apoiado pela localização do gene para a proteína precursora amiloide (APP) no cromossoma 21 e pelo facto de as pessoas com trissomia 21 (Síndrome de Down), que têm uma cópia extra do gene, apresentarem quase universalmente pelo menos os primeiros sintomas da doença de Alzheimer por volta dos 40 anos de idade.[54][55] Além disso, uma isoforma específica da apolipoproteína, a APOE4, é um importante fator de risco genético para a doença de Alzheimer. Embora as

apolipoproteínas aumentem a degradação da beta amiloide, algumas isoformas não são muito eficazes nesta tarefa (como a APOE4), levando à acumulação excessiva de amiloide no cérebro.[56] A descoberta de que os ratinhos transgénicos que expressam uma forma mutante do gene APP humano desenvolvem placas amilóides fibrilares e uma patologia cerebral semelhante à da doença de Alzheimer, com défices de aprendizagem espacial, constitui mais uma prova.[57]
Uma vacina experimental foi considerada capaz de eliminar as placas amilóides nos primeiros ensaios em humanos, mas não teve qualquer efeito significativo na demência.[58] Os investigadores foram levados a suspeitar que os oligómeros (agregados de muitos monómeros) da Ap que não são placas são a principal forma patogénica da Ap. Estes oligómeros tóxicos, também designados por ligandos difusíveis derivados da amiloide (ADDL), ligam-se a um recetor de superfície nos neurónios e alteram a estrutura da sinapse, perturbando assim a comunicação neuronal^59] Um dos receptores dos oligómeros Aß pode ser a proteína prião, a mesma proteína que tem sido associada à doença das vacas loucas e à doença humana relacionada, a doença de Creutzfeldt-Jakob, podendo assim ligar o mecanismo subjacente a estas doenças neurodegenerativas ao da doença de Alzheimer.[60] Um estudo encontrou possíveis indícios de transmissão entre humanos.[61]

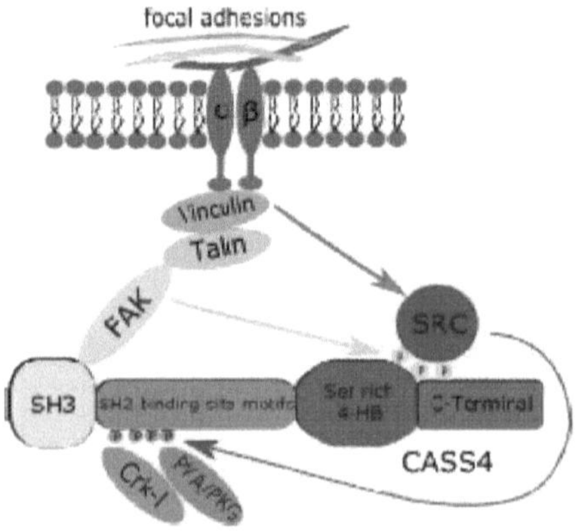

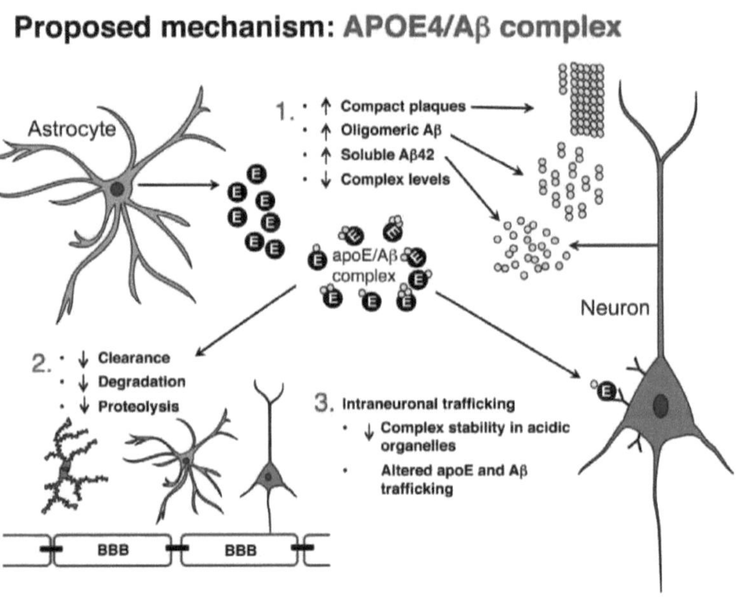

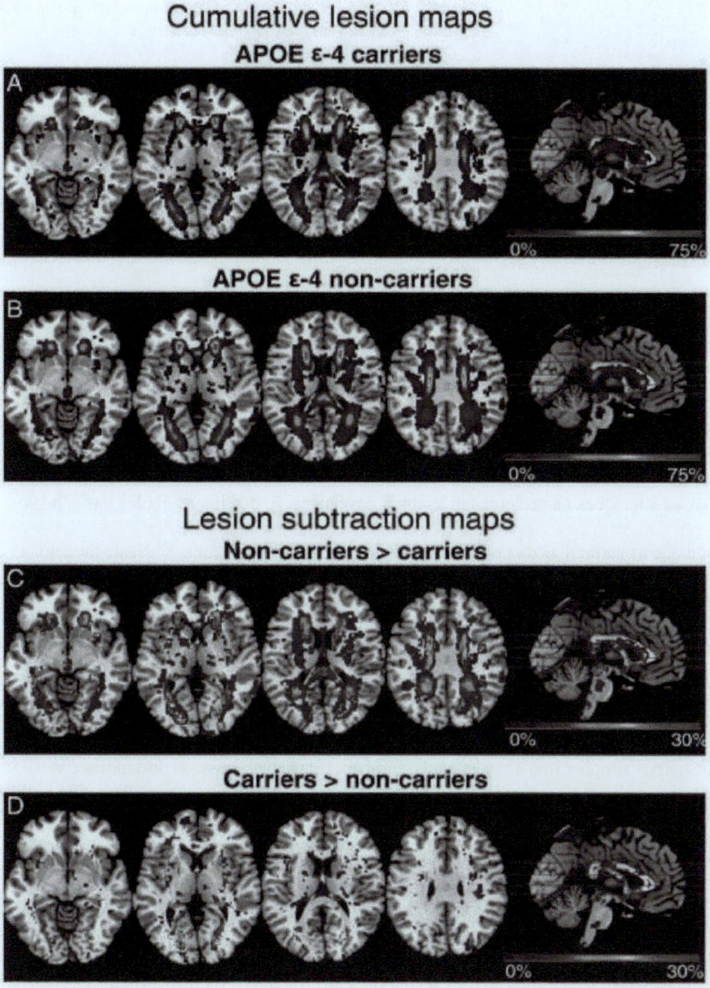

Em 2009, esta teoria foi actualizada, sugerindo que um parente próximo da proteína beta-amiloide, e não necessariamente a própria beta-amiloide, pode ser o principal responsável pela doença. A teoria defende que um mecanismo relacionado com a amiloide, que poda as ligações neuronais no cérebro na fase de crescimento rápido do início da vida, pode ser desencadeado por processos relacionados com o envelhecimento numa fase posterior da vida, causando o definhamento neuronal da doença de Alzheimer.[62] O N-APP, um fragmento de APP do terminal N do péptido, é adjacente à beta-amiloide e é clivado da APP por uma das mesmas enzimas. O N-APP desencadeia a via de autodestruição ligando-se a um recetor neuronal chamado recetor de morte 6 (DR6, também conhecido como TNFRSF21).[62] O DR6 é altamente expresso nas regiões do cérebro humano mais afectadas pela doença de Alzheimer, pelo que é possível que a via N-APP/DR6 possa ser desviada no cérebro envelhecido para causar danos. Neste modelo, a beta-amiloide desempenha um papel complementar, ao deprimir a função sináptica.

Hipótese Tau

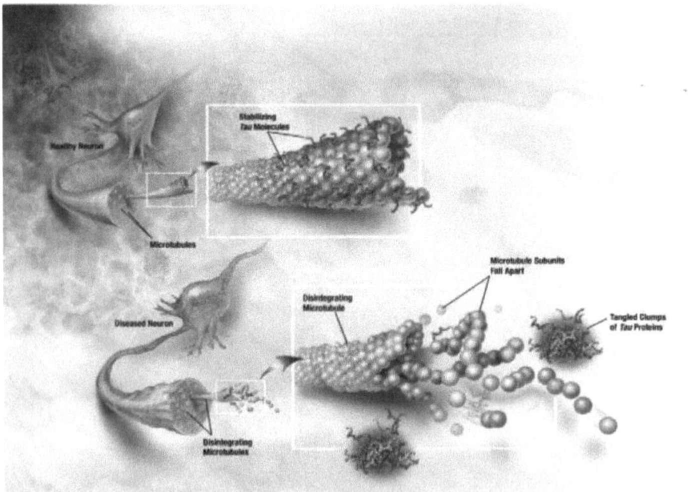

Na doença de Alzheimer, as alterações na proteína tau levam à desintegração dos microtúbulos nas células cerebrais.

A *hipótese da tau* propõe que as anomalias da proteína tau iniciam a cascata da doença.[53] Neste modelo, a tau hiperfosforilada começa a emparelhar-se com outros filamentos de tau. Eventualmente, estes formam emaranhados neurofibrilares no interior dos corpos celulares nervosos.[63] Quando isto acontece, os microtúbulos desintegram-se, destruindo a estrutura do citoesqueleto da célula, o que provoca o colapso do sistema de transporte do neurónio.[64] Isto pode resultar, primeiro, em disfunções na comunicação bioquímica entre os neurónios e, mais tarde, na morte das células.[65]

Outras hipóteses

Foi proposta uma hipótese neurovascular que afirma que o mau funcionamento da barreira hemato-encefálica pode estar envolvido.[66]

Foi proposto que o vírus herpes simplex tipo 1 desempenha um papel causal em pessoas portadoras das versões susceptíveis do gene apoE.[67] As infecções bacterianas crónicas também foram propostas como um potencial fator de risco.[68]

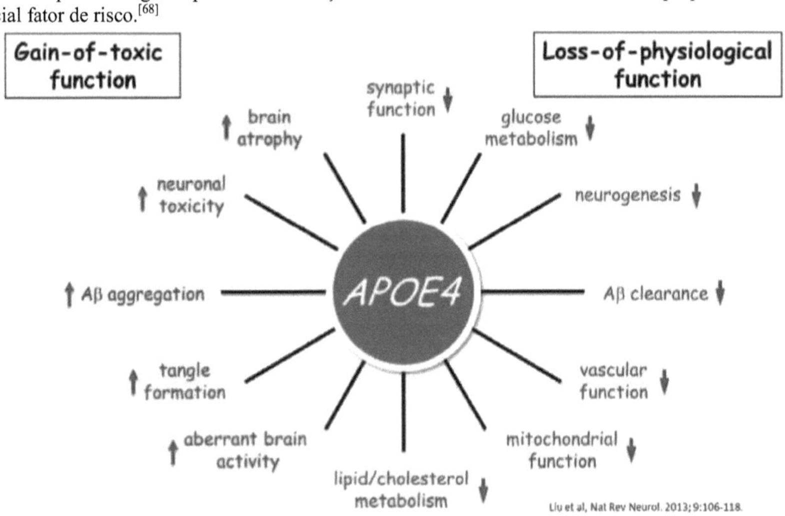

A homeostase celular dos iões cobre, ferro e zinco é perturbada na doença de Alzheimer, embora ainda não seja claro se isto é produzido por ou causa as alterações nas proteínas. Estes iões afectam *e* são afectados pela tau, APP e APOE.[69] Alguns estudos demonstraram um risco acrescido de desenvolver a doença de Alzheimer com factores ambientais, como a ingestão de metais, em especial o alumínio.[70] A qualidade de alguns destes estudos foi criticada,[71][72] e outros estudos concluíram que não existe qualquer relação entre estes factores ambientais e o desenvolvimento da DA.[73] Alguns estudos levantaram a hipótese de o cobre alimentar poder desempenhar um papel causal.[74]

Embora alguns estudos sugiram que os campos electromagnéticos de frequência extremamente baixa podem aumentar o risco de doença de Alzheimer, os revisores do site[75] consideraram que são necessárias mais investigações epidemiológicas e laboratoriais sobre esta hipótese.[76] O tabagismo é um fator de risco significativo para a doença de Alzheimer.[77] Os marcadores sistémicos do sistema imunitário inato são factores de risco para a doença de Alzheimer de início tardio[78].

Outra hipótese afirma que a doença pode ser causada pela degradação da mielina no cérebro relacionada com a idade. O ferro libertado durante a degradação da mielina pode causar mais danos. Os processos homeostáticos de reparação da mielina contribuem para o desenvolvimento de depósitos proteicos, como a beta-amiloide e a tau.[79][80][81]

O stress oxidativo e a dis-homeostase do metabolismo biométrico podem ser importantes na formação da patologia.[82][83][84] Deste ponto de vista, os antioxidantes de baixo peso molecular, como a melatonina, seriam promissores.[85]

Os indivíduos com DA apresentam uma perda de 70% das células do locus coeruleus que fornecem norepinefrina (para além do seu papel de neurotransmissor) que se difunde localmente a partir de "varicosidades" como um agente anti-inflamatório endógeno no microambiente à volta dos neurónios, células gliais e vasos sanguíneos no neocórtex e hipocampo.[86] Foi demonstrado que a norepinefrina estimula a microglia do rato a suprimir a produção de citocinas induzida pela Ap e a sua fagocitose da Ap.[86] Isto sugere que a degenerescência do locus coeruleus pode ser responsável pelo aumento da deposição de Ap nos cérebros da DA.[86]

Existem provas preliminares de que a exposição à poluição atmosférica pode ser um fator que contribui para o desenvolvimento da doença de Alzheimer.[87]

Fisiopatologia

Artigo principal: Bioquímica da doença de Alzheimer

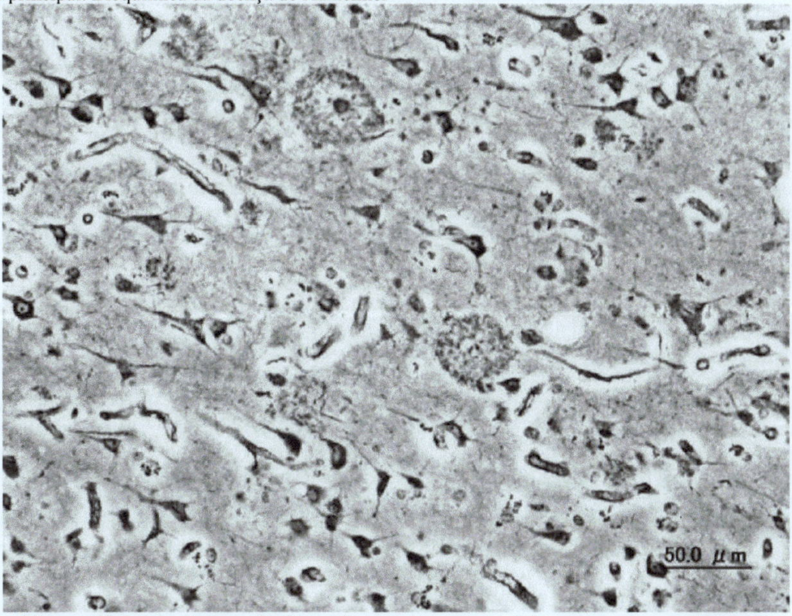

Imagem histopatológica de placas senis observadas no córtex cerebral de uma pessoa com doença de Alzheimer de início pré-senil. Impregnação com prata.

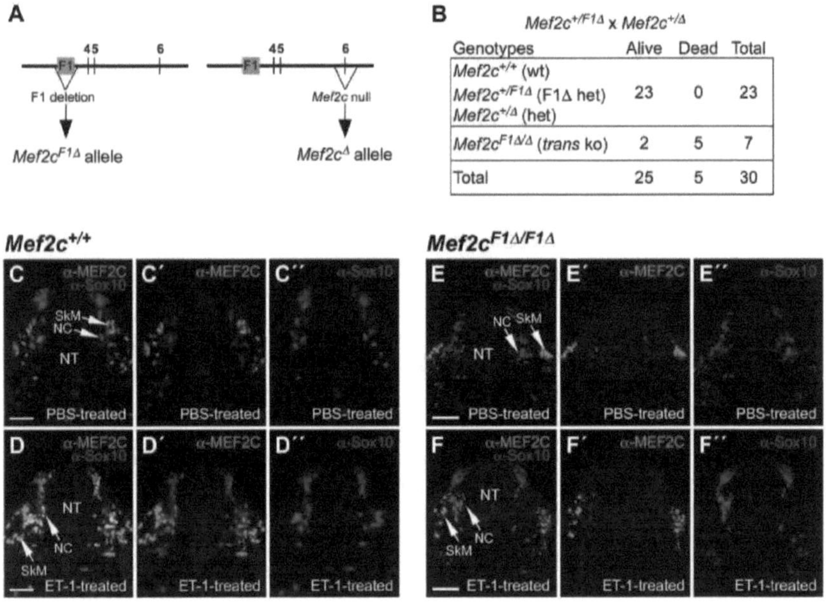

Neuropatologia

A doença de Alzheimer caracteriza-se pela perda de neurónios e de sinapses no córtex cerebral e em certas regiões subcorticais. Esta perda resulta numa atrofia grosseira das regiões afectadas, incluindo a degeneração do lobo temporal e do lobo parietal, bem como de partes do córtex frontal e do giro cingulado.[51] A degeneração também está presente em núcleos do tronco cerebral, como o locus coeruleus.[88] Estudos realizados com recurso à ressonância magnética e à PET documentaram reduções no tamanho de regiões cerebrais específicas em pessoas com doença de Alzheimer, à medida que estas evoluíam de um défice cognitivo ligeiro para a doença de Alzheimer, e em comparação com imagens semelhantes de idosos saudáveis.[89][90]

Tanto as placas amilóides como os emaranhados neurofibrilares são claramente visíveis por microscopia nos cérebros das pessoas afectadas pela DA.[91] As placas são depósitos densos, na sua maioria insolúveis, de péptido beta-amiloide e material celular no exterior e à volta dos neurónios. Os emaranhados (emaranhados neurofibrilares) são agregados da proteína tau associada aos microtúbulos, que se tornou hiperfosforilada e se acumula no interior das próprias células. Embora muitos indivíduos idosos desenvolvam algumas placas e emaranhados como consequência do envelhecimento, os cérebros das pessoas com DA apresentam um maior número destes em regiões cerebrais específicas, como o lobo temporal.[92] Os corpos de Lewy não são raros no cérebro das pessoas com DA.[93]

Bioquímica

A doença de Alzheimer foi identificada como uma doença de dobragem incorrecta das proteínas (proteopatia), causada pela acumulação de placas de proteína beta amiloide e de proteína tau anormalmente dobradas no cérebro.[94] As placas são constituídas por pequenos péptidos, com 39-43 aminoácidos de comprimento, denominados beta amiloide (A). A A é um fragmento da proteína precursora amiloide (APP), de maiores dimensões. A APP é uma proteína transmembranar que penetra através da membrana do neurónio. A APP é fundamental para o crescimento, sobrevivência e reparação pós-lesão dos neurónios.[95][96] Na doença de Alzheimer, a gama secretase e a beta secretase actuam em conjunto num processo proteolítico que faz com que a APP seja dividida em fragmentos mais pequenos.[97] Um destes fragmentos dá origem a fibrilhas de beta amiloide, que depois formam aglomerados que se depositam no exterior dos neurónios em formações densas conhecidas como placas senis.[91][98]

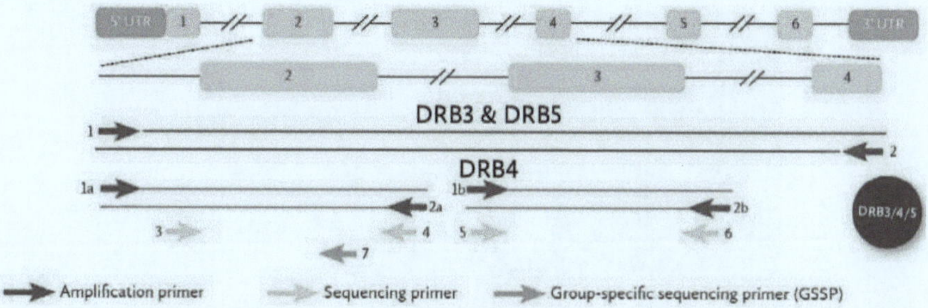

A DA é também considerada uma tauopatia devido à agregação anormal da proteína tau. Todos os neurónios têm um citoesqueleto, uma estrutura interna de suporte parcialmente constituída por estruturas chamadas microtúbulos. Estes microtúbulos actuam como carris, guiando nutrientes e moléculas desde o corpo da célula até às extremidades do axónio e vice-versa. Uma proteína chamada *tau* estabiliza os microtúbulos quando fosforilada, sendo por isso chamada uma proteína associada aos microtúbulos. Na doença de Alzheimer, a tau sofre alterações químicas, tornando-se hiperfosforilada; começa então a emparelhar-se com outros fios, criando emaranhados neurofibrilares e desintegrando o sistema de transporte do neurónio.[99]

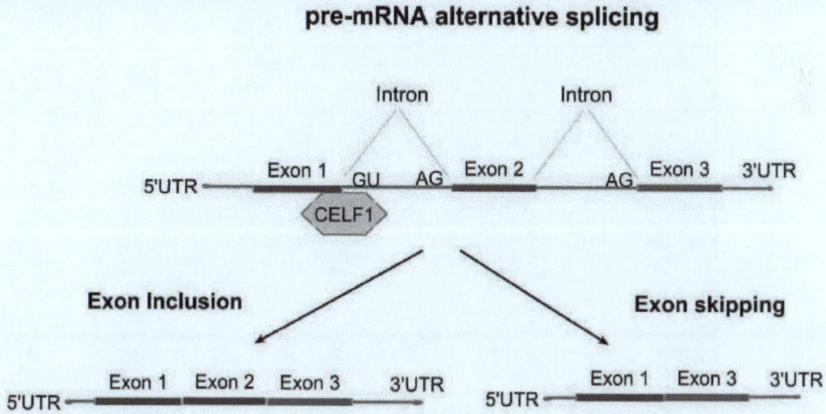

Mecanismo da doença

Não se sabe exatamente como é que as perturbações da produção e da agregação do péptido beta-amiloide dão origem à patologia da doença de Alzheimer.[100][101] A hipótese amiloide aponta tradicionalmente para a acumulação de péptidos beta-amilóides como o evento central que desencadeia a degeneração dos neurónios. A acumulação de fibrilhas amilóides agregadas, que se acredita serem a forma tóxica da proteína responsável pela perturbação da homeostase dos iões de cálcio na célula, induz a morte celular programada (apoptose).[102] Sabe-se também que a Ap se acumula seletivamente nas mitocôndrias das células dos cérebros afectados pela doença de Alzheimer e que inibe igualmente certas funções enzimáticas e a utilização da glicose pelos neurónios.[103]

Vários processos inflamatórios e citocinas podem também ter um papel na patologia da doença de Alzheimer. A inflamação é um marcador geral de danos nos tecidos em qualquer doença e pode ser secundária a danos nos tecidos na doença de Alzheimer ou um marcador de uma resposta imunológica.[104] Há cada vez mais provas de uma forte interação entre os neurónios e os mecanismos imunológicos no cérebro. A obesidade e a inflamação sistémica podem interferir com os processos imunológicos que promovem a progressão da doença.[105]

Foram descritas na DA alterações na distribuição de diferentes factores neurotróficos e na expressão dos seus receptores, como o fator neurotrófico derivado do cérebro (BDNF)[106][107].

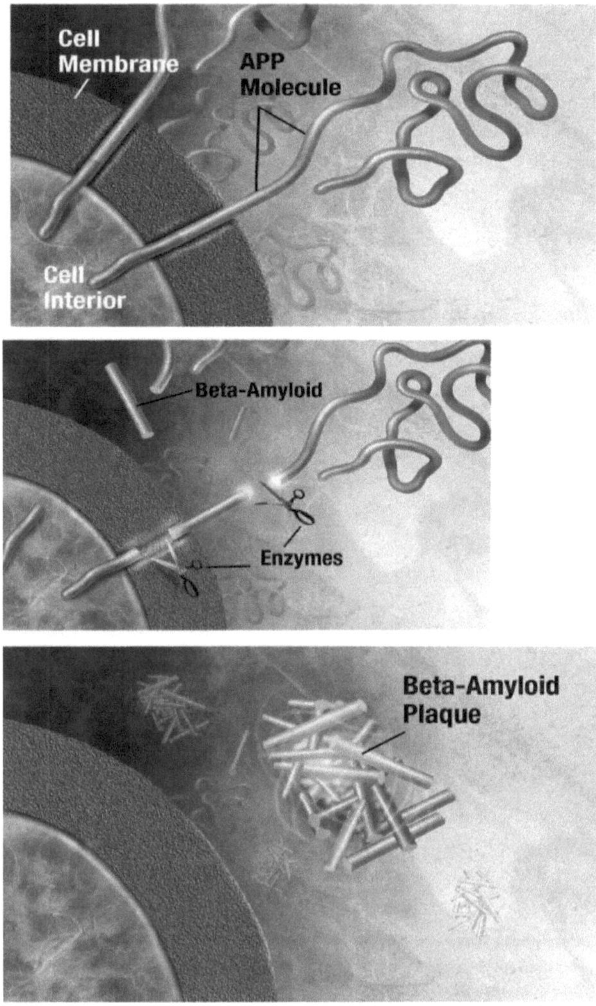

As enzimas actuam sobre a APP (proteína precursora da amiloide) e cortam-na em fragmentos. O fragmento betaamilóide é crucial na formação das placas senis na doença de Alzheimer.

Mecanismo da doença

Não se sabe exatamente como é que as perturbações da produção e da agregação do péptido beta-amiloide dão origem à patologia da doença de Alzheimer.[100][101] A hipótese amiloide aponta tradicionalmente para a acumulação de péptidos beta-amilóides como o evento central que desencadeia a degeneração dos neurónios. A acumulação de fibrilhas amilóides agregadas, que se acredita serem a forma tóxica da proteína responsável pela perturbação da homeostase do ião cálcio da célula, induz a morte celular programada (apoptose).[102] Sabe-se também que a Ap se acumula seletivamente nas mitocôndrias das células dos cérebros afectados pela doença de Alzheimer e que inibe igualmente certas funções enzimáticas e a utilização da glicose pelos neurónios.[103]

Vários processos inflamatórios e citocinas podem também ter um papel na patologia da doença de Alzheimer. A inflamação é um marcador geral de danos nos tecidos em qualquer doença e pode ser secundária a danos nos tecidos na doença de Alzheimer ou um marcador de uma resposta imunológica.[104] Há cada vez mais provas de uma forte interação entre os neurónios e os mecanismos imunológicos no cérebro. A obesidade e a inflamação sistémica podem interferir com os processos imunológicos que

promovem a progressão da doença.[105]
Foram descritas na DA alterações na distribuição de diferentes factores neurotróficos e na expressão dos seus receptores, como o fator neurotrófico derivado do cérebro (BDNF)[106][107].

Diagnóstico

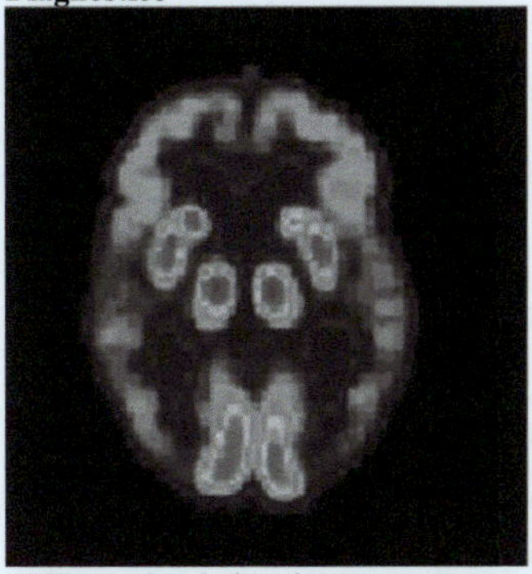

PET scan do cérebro de uma pessoa com DA mostrando uma perda de função no lobo temporal

A doença de Alzheimer é geralmente diagnosticada com base na história clínica da pessoa, na história dos seus familiares e em observações comportamentais. A presença de caraterísticas neurológicas e neuropsicológicas caraterísticas e a ausência de condições alternativas são factores de apoio.[108][109] A imagiologia médica avançada com tomografia computorizada (TC) ou ressonância magnética (RM) e com tomografia computorizada de emissão de fotão único (SPECT) ou tomografia por emissão de positrões (PET) pode ser utilizada para ajudar a excluir outras patologias cerebrais ou subtipos de demência.[110] Além disso, pode prever a conversão de fases prodrómicas (défice cognitivo ligeiro) para a doença de Alzheimer.[111]
A avaliação do funcionamento intelectual, incluindo testes de memória, pode caraterizar melhor o estado da doença.[19] As organizações médicas criaram critérios de diagnóstico para facilitar e normalizar o processo de diagnóstico para os médicos em exercício. O diagnóstico pode ser confirmado com grande exatidão post-mortem quando o material cerebral está disponível e pode ser examinado histologicamente.[112]

Critérios

O National Institute of Neurological and Communicative Disorders and Stroke (NINCDS) e a Alzheimer's Disease and Related Disorders Association (ADRDA, atualmente conhecida como Alzheimer's Association) estabeleceram os critérios de diagnóstico da doença de Alzheimer mais utilizados pelo NINCDS-ADRDA em 1984,[112] extensivamente actualizados em 2007.[113] Estes critérios exigem que a presença de défice cognitivo e de uma suspeita de síndrome demencial seja confirmada por testes neuropsicológicos para um diagnóstico clínico de DA possível ou provável. Para um diagnóstico definitivo, é necessária uma confirmação histopatológica, incluindo um exame microscópico do tecido cerebral. Foi demonstrada uma boa fiabilidade e validade estatística entre os critérios de diagnóstico e a confirmação histopatológica definitiva.[114] Oito domínios cognitivos são mais frequentemente afectados na DA - memória, linguagem, capacidades perceptivas, atenção, capacidades construtivas, orientação, resolução de problemas e capacidades funcionais. Estes domínios são equivalentes aos critérios NINCDS-ADRDA para a doença de Alzheimer, tal como constam do *Manual de Diagnóstico e Estatística das Perturbações Mentais* (DSM-IV-TR) publicado pela Associação Americana de Psiquiatria.[115][116]

Técnicas

Os testes neuropsicológicos, como o mini-exame do estado mental (MMSE), são amplamente utilizados para avaliar os défices cognitivos necessários para o diagnóstico. São necessários conjuntos de testes mais abrangentes para uma elevada fiabilidade dos resultados, sobretudo nas fases iniciais da doença.[117][118] O exame neurológico na fase inicial da DA apresenta geralmente resultados normais, exceto no que se refere a um défice cognitivo evidente, que pode não ser diferente do resultante de outros processos patológicos, incluindo outras causas de demência.

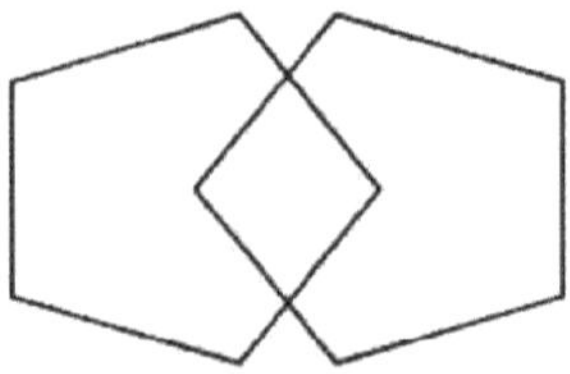

Os testes neuropsicológicos de rastreio podem ajudar no diagnóstico da DA. Nestes testes, as pessoas são instruídas a copiar desenhos semelhantes ao da imagem, a recordar palavras, a ler e a subtrair números de série.

Outros exames neurológicos são cruciais para o diagnóstico diferencial da DA e de outras doenças.[19] As entrevistas com os membros da família também são utilizadas na avaliação da doença. Os prestadores de cuidados podem fornecer informações importantes sobre as capacidades de vida diária, bem como sobre a diminuição, ao longo do tempo, da função mental da pessoa.[119] O ponto de vista do prestador de cuidados é particularmente importante, uma vez que a pessoa com DA geralmente não tem consciência dos seus próprios défices.[120] Muitas vezes, as famílias também têm dificuldades em detetar os primeiros sintomas de demência e podem não comunicar informações precisas ao médico.[121]

Os exames complementares fornecem informações adicionais sobre algumas caraterísticas da doença ou são utilizados para excluir outros diagnósticos. As análises ao sangue podem identificar outras causas de demência para além da DA[19] - causas que podem, em casos raros, ser reversíveis.[122] É comum realizar testes de função tiroideia, avaliar a vitamina B12, excluir a sífilis, excluir problemas metabólicos (incluindo testes de função renal, níveis de electrólitos e diabetes), avaliar os níveis de metais pesados (por exemplo, chumbo, mercúrio) e anemia. (É igualmente necessário excluir a possibilidade de delírio).

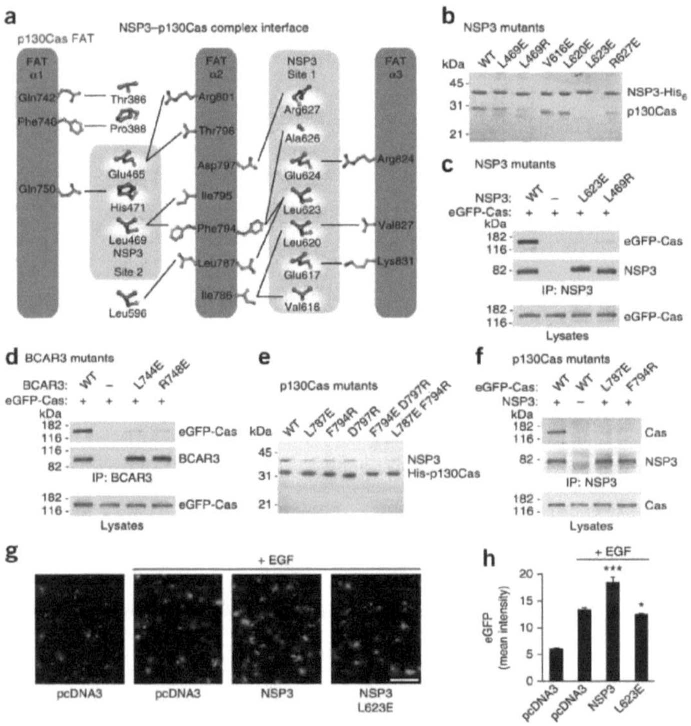

São utilizados testes psicológicos para detetar a depressão, uma vez que esta pode ser concomitante com a doença de Alzheimer (ver Depressão da doença de Alzheimer), um sinal precoce de deficiência cognitiva,[123] ou [124][125]

mesmo a causa.

Diagnóstico precoce

A investigação sobre a doença de Alzheimer tem-se centrado no diagnóstico da doença antes do início dos sintomas.[126] Foram desenvolvidos vários testes bioquímicos para permitir a deteção precoce. Um desses testes envolve a análise do líquido cefalorraquidiano para deteção das proteínas beta-amiloide ou tau,[127] tanto a concentração total da proteína tau como a concentração da proteína tau181P fosforilada.[128][129] A pesquisa destas proteínas através de uma punção lombar pode prever o aparecimento da doença de Alzheimer com uma sensibilidade entre 94% e 100%.[128] Quando utilizadas em conjunto com as técnicas de neuroimagem existentes, os médicos podem identificar pessoas com perdas de memória significativas que já estão a desenvolver a doença.[128]

Prevenção

Atualmente, não existem provas definitivas de que uma determinada medida seja eficaz na prevenção da doença de Alzheimer.[130] Os estudos globais sobre medidas para prevenir ou retardar o aparecimento da doença de Alzheimer produziram frequentemente resultados inconsistentes. Os estudos epidemiológicos propuseram relações entre determinados factores modificáveis, como a alimentação, o risco cardiovascular, os produtos farmacêuticos ou as actividades intelectuais, entre outros, e a probabilidade de uma população desenvolver a doença de Alzheimer. Só uma investigação mais aprofundada, incluindo ensaios clínicos, poderá revelar se estes factores podem ajudar a prevenir a doença de Alzheimer.[131]

As actividades intelectuais, como jogar xadrez ou a interação social regular, têm sido associadas a um risco reduzido de doença de Alzheimer em estudos epidemiológicos, embora não tenha sido encontrada uma relação causal.

Medicamentos

Embora os factores de risco cardiovasculares, como a hipercolesterolemia, a hipertensão, a diabetes e o tabagismo, estejam associados a um maior risco de aparecimento e de evolução da doença de Alzheimer,[132][133] as estatinas, que são medicamentos para baixar o colesterol, não têm sido eficazes na prevenção ou na melhoria da evolução da doença.[134][135][136]

A utilização a longo prazo de anti-inflamatórios não esteróides (AINE) está associada a uma menor probabilidade de desenvolver a doença de Alzheimer.[137] As evidências também apoiam a noção de que os AINEs podem reduzir a inflamação relacionada com as placas amilóides.[137] Não foi concluído nenhum ensaio de prevenção.[137] Não parecem ser úteis como tratamento.[138] A terapia de substituição hormonal, apesar de já ter sido utilizada anteriormente, pode aumentar o risco de demência.[139]

Estilo de vida

As pessoas que se dedicam a actividades intelectuais, como ler, jogar jogos de tabuleiro, completar palavras cruzadas, tocar instrumentos musicais ou interagir socialmente de forma regular, apresentam um risco reduzido de contrair a doença de Alzheimer.[140] Este facto é compatível com a teoria da reserva cognitiva, que afirma que algumas experiências de vida resultam num funcionamento neural mais eficiente, proporcionando ao indivíduo uma reserva cognitiva que atrasa o aparecimento de manifestações de demência.[140] A educação atrasa o aparecimento da síndrome da doença de Alzheimer, mas não está relacionada com uma morte mais precoce após o diagnóstico.[141] A aprendizagem de uma segunda língua, mesmo mais tarde na vida, parece atrasar o aparecimento da doença de Alzheimer.[142] A atividade física também está associada a um risco reduzido de doença de Alzheimer.[141]

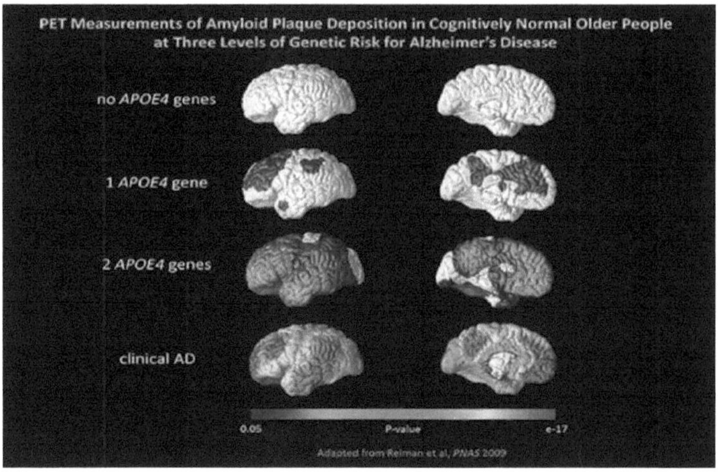

Dieta

As pessoas que seguem uma dieta saudável, japonesa ou mediterrânica têm um menor risco de sofrer de doença de Alzheimer.[143] Uma dieta mediterrânica pode melhorar os resultados nas pessoas com a doença.[144] As pessoas que seguem uma dieta rica em gorduras saturadas e hidratos de carbono simples (mono e dissacáridos) têm um risco mais elevado.[145] O efeito cardiovascular benéfico da dieta mediterrânica foi proposto como mecanismo de ação.[146]

As conclusões sobre os componentes da dieta têm sido, por vezes, difíceis de determinar, uma vez que os resultados diferem entre estudos de base populacional e ensaios controlados aleatórios.[143] Existem provas limitadas de que o consumo ligeiro a moderado de álcool, em particular de vinho tinto, está associado a um menor risco de doença de Alzheimer.[147] Existem provas provisórias de que a cafeína pode ser protetora.[148] Alguns alimentos ricos em flavonóides, como o cacau, o vinho tinto e o chá, podem diminuir o risco de doença de Alzheimer[149][150].

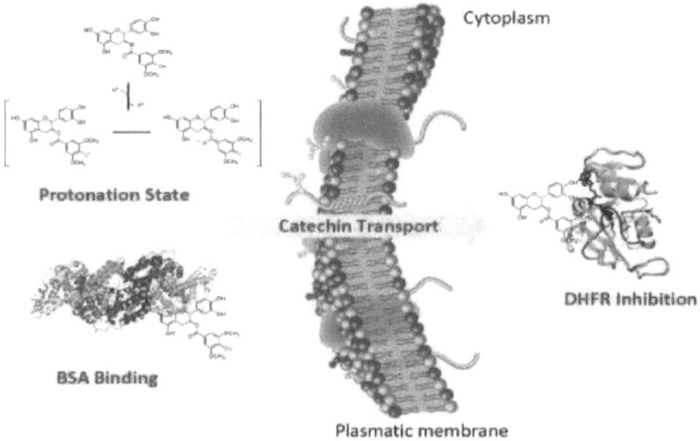

As análises sobre a utilização de vitaminas e minerais não encontraram provas suficientes e consistentes para os recomendar. Isto inclui a vitamina A,[151][152] C,[153][154] E,[154][155] selénio,[156] zinco,[157] e ácido fólico com ou sem vitamina B12.[158] Além disso, a vitamina E está associada a riscos para a saúde.[154] Os ensaios que examinaram o ácido fólico (B9) e outras vitaminas B não mostraram qualquer associação significativa com o declínio cognitivo.[159] Nas pessoas já afectadas pela doença de Alzheimer, a adição de ácido docosa-hexaenóico, um ácido gordo ómega 3, à dieta não demonstrou retardar o declínio.[160]

A partir de 2010, a curcumina não demonstrou benefícios nos seres humanos, apesar de existirem provas preliminares em animais.[161] Existem provas inconsistentes e pouco convincentes de que o ginkgo tem qualquer efeito positivo no défice cognitivo e na demência.[162] Desde 2008, não existem provas concretas de que os canabinóides sejam eficazes para melhorar os sintomas da doença de Alzheimer ou da demência.[163] No entanto, algumas investigações nas suas fases iniciais parecem prometedoras.[164]

Gestão

Não há cura para a doença de Alzheimer; os tratamentos disponíveis oferecem benefícios sintomáticos relativamente pequenos, mas continuam a ter um carácter paliativo. Os tratamentos actuais podem ser divididos em farmacêuticos, psicossociais e de prestação de cuidados.

Medicamentos

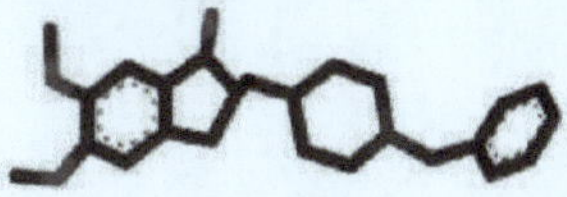

Modelo molecular tridimensional do donepezil, um inibidor da acetilcolinesterase utilizado no tratamento dos sintomas da doença de Alzheimer

Atualmente, são utilizados cinco medicamentos para tratar os problemas cognitivos da DA: quatro são inibidores da acetilcolinesterase (tacrina, rivastigmina, galantamina e donepezil) e o outro (memantina) é um antagonista dos receptores NMDA.[165] O benefício da sua utilização é reduzido.[166][167] Nenhum medicamento demonstrou claramente atrasar ou parar a progressão da doença.

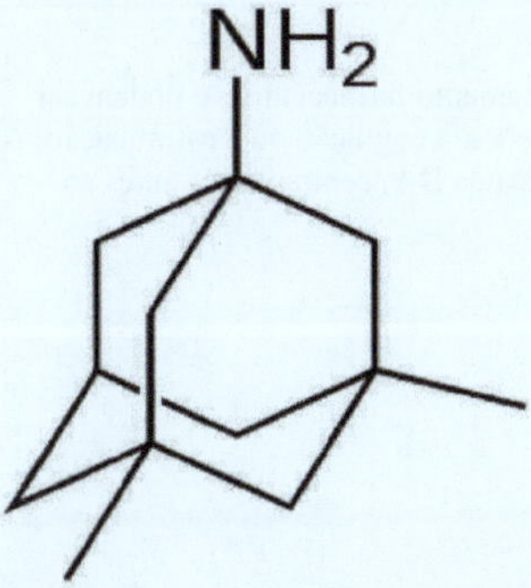

Estrutura molecular da memantina, um medicamento aprovado para os sintomas avançados da doença de Alzheimer.

A redução da atividade dos neurónios colinérgicos é uma caraterística bem conhecida da doença de Alzheimer.[168] Os inibidores da acetilcolinesterase são utilizados para reduzir a taxa de degradação da acetilcolina (ACh), aumentando assim a concentração de ACh no cérebro e combatendo a perda de ACh causada pela morte dos neurónios colinérgicos.[169] Existem provas da eficácia destes medicamentos na doença de Alzheimer ligeira a moderada,[170][171] e algumas provas da sua utilização na fase avançada. Apenas o donepezil está aprovado para o tratamento da demência avançada da doença de Alzheimer.[167] A utilização destes medicamentos no défice cognitivo ligeiro não demonstrou qualquer efeito no atraso do aparecimento da doença de Alzheimer.[172] Os efeitos secundários mais frequentes são as náuseas e os vómitos, ambos associados a um excesso de colinérgicos. Estes efeitos secundários surgem em cerca de 10-20% dos utilizadores, são de gravidade ligeira a moderada e podem ser controlados ajustando lentamente as doses da medicação.[173] Os efeitos secundários menos comuns incluem cãibras musculares, diminuição do ritmo cardíaco (bradicardia), diminuição do apetite e do peso e aumento da produção de ácido gástrico.[170]

O glutamato é um neurotransmissor excitatório útil do sistema nervoso, embora quantidades excessivas no cérebro possam levar à morte celular através de um processo denominado excitotoxicidade, que consiste na sobre-estimulação dos receptores de glutamato. A excitotoxicidade ocorre não só na doença de Alzheimer, mas também noutras doenças neurológicas, como a doença de Parkinson e a esclerose múltipla.[174] A memantina é um antagonista não competitivo dos receptores NMDA, utilizado pela primeira vez como agente anti-influenza. Actua no sistema glutamatérgico, bloqueando os receptores NMDA e inibindo a sua sobre-estimulação pelo glutamato.[174][175] A memantina demonstrou ter um pequeno benefício no tratamento da doença de Alzheimer.[176] Os efeitos adversos relatados com a memantina são pouco frequentes e ligeiros, incluindo alucinações, confusão, tonturas, dores de cabeça e fadiga.[177] A combinação de memantina e donepezil demonstrou ter "uma eficácia estatisticamente significativa, mas clinicamente marginal".[178]

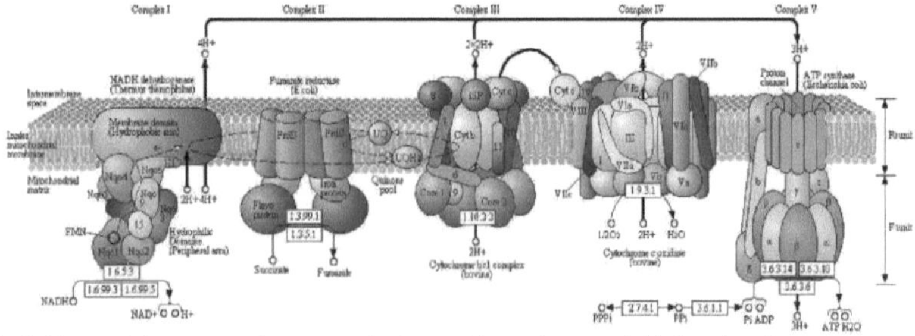

Os antipsicóticos atípicos são modestamente úteis na redução da agressividade e da psicose em pessoas com doença de Alzheimer, mas as suas vantagens são anuladas por efeitos adversos graves, como acidentes vasculares cerebrais, dificuldades de movimento ou declínio cognitivo.[179] Quando utilizados a longo prazo, demonstrou-se que estão associados a um aumento da mortalidade.[180] A interrupção do uso de antipsicóticos neste grupo de pessoas parece ser segura.[181]

A Huperzina A, embora prometedora, necessita de mais provas antes de poder ser recomendada a sua utilização.[182]

Intervenção psicossocial

As intervenções psicossociais são utilizadas como complemento do tratamento farmacêutico e podem ser classificadas em abordagens orientadas para o comportamento, as emoções, a cognição ou a estimulação. A investigação sobre a eficácia não está disponível e raramente é específica da DA, centrando-se antes na demência em geral.[183]

Uma sala especificamente concebida para a terapia de integração sensorial, também designada por snoezelen; uma intervenção psicossocial orientada para as emoções para pessoas com demência.
As intervenções comportamentais tentam identificar e reduzir os antecedentes e as consequências dos comportamentos problemáticos. Esta abordagem não tem demonstrado sucesso na melhoria do funcionamento geral,[184] mas pode ajudar a reduzir alguns comportamentos problemáticos específicos, como a incontinência.[185] Há falta de dados de alta qualidade sobre a eficácia destas técnicas noutros problemas de comportamento, como a deambulação.[186][187]
As intervenções orientadas para as emoções incluem a terapia da reminiscência, a terapia de validação, a psicoterapia de apoio, a integração sensorial, também designada por snoezelen, e a terapia de presença simulada. A psicoterapia de apoio tem sido objeto de poucos ou nenhuns estudos científicos formais, mas alguns clínicos consideram-na útil para ajudar as pessoas com deficiências ligeiras a adaptarem-se à sua doença.[183] A terapia da reminiscência (TR) envolve a discussão de experiências passadas individualmente ou em grupo, muitas vezes com o auxílio de fotografias, objectos domésticos, música e gravações de som, ou outros itens familiares do passado. Embora existam poucos estudos de qualidade sobre a eficácia da TR, esta pode ser benéfica para a cognição e o humor.[188] A terapia da presença simulada (SPT) baseia-se nas teorias da vinculação e consiste em reproduzir uma gravação com vozes dos familiares mais próximos da pessoa com doença de Alzheimer. Existem provas parciais que indicam que a SPT pode reduzir os comportamentos difíceis.[189] Por último, a terapia de validação baseia-se na aceitação da realidade e da verdade pessoal da experiência dos outros, enquanto a integração sensorial se baseia em exercícios destinados a estimular os sentidos. Não existem provas que sustentem a utilidade destas terapias.[190][191]

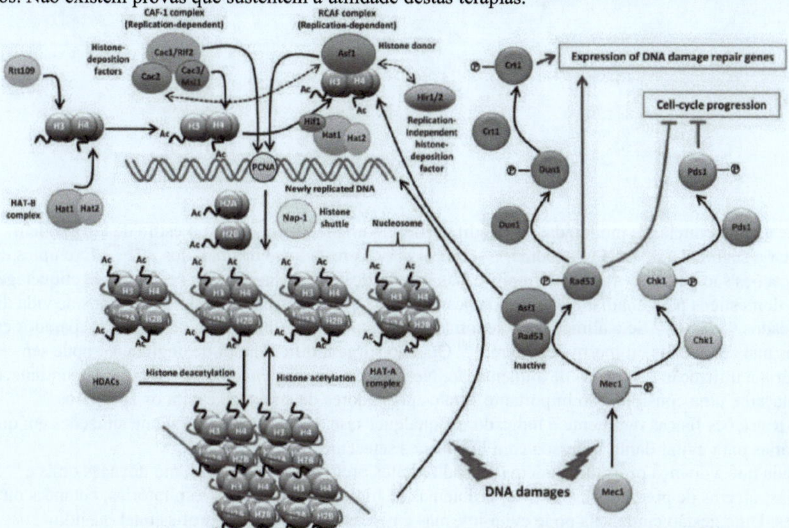

O objetivo dos tratamentos orientados para a cognição, que incluem a orientação para a realidade e o treino cognitivo, é a redução dos défices cognitivos. A orientação para a realidade consiste na apresentação de informações sobre o tempo, o lugar ou a pessoa para facilitar a compreensão da pessoa sobre o que a rodeia e o seu lugar no mesmo. Por outro lado, a reciclagem cognitiva tenta melhorar as capacidades afectadas através do exercício das capacidades mentais. Ambos demonstraram alguma eficácia na melhoria das capacidades cognitivas,[192][193] embora nalguns estudos estes efeitos tenham sido transitórios e tenham sido também relatados efeitos negativos, como a frustração.[183]
Os tratamentos orientados para a estimulação incluem arte, música e terapias para animais de estimação, exercício e qualquer outro tipo de actividades recreativas. A estimulação tem um apoio modesto para melhorar o comportamento, o humor e, em menor grau, a função. No entanto, por muito importantes que sejam estes efeitos, o principal suporte para a utilização de terapias de estimulação é a alteração da rotina da pessoa.[183]

Prestação de cuidados

Mais informações: Prestação de cuidados e demência

Uma vez que a doença de Alzheimer não tem cura e torna gradualmente as pessoas incapazes de cuidar das suas próprias necessidades, a prestação de cuidados é essencialmente o tratamento e deve ser cuidadosamente gerida ao longo da doença.

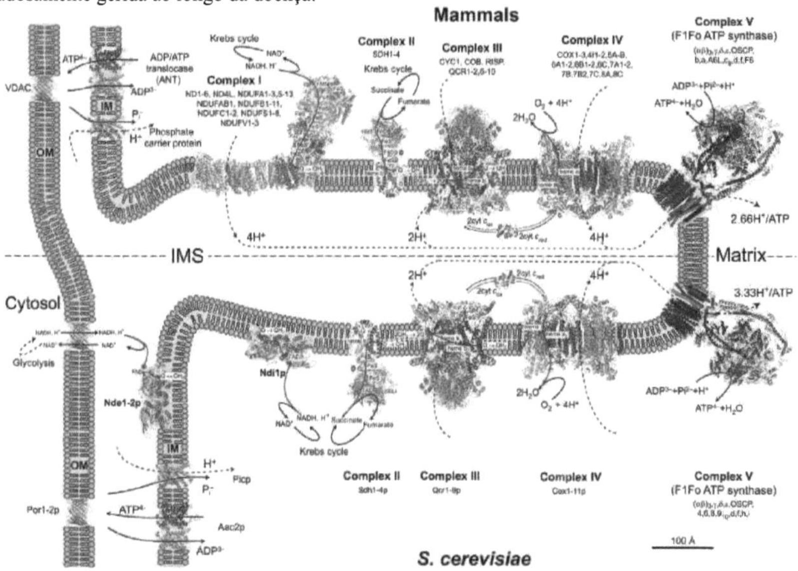

Durante as fases iniciais e moderadas, as modificações no ambiente de vida e no estilo de vida podem aumentar a segurança do doente e reduzir a sobrecarga dos prestadores de cuidados.[194][195] Exemplos de tais modificações são a adesão a rotinas simplificadas, a colocação de fechaduras de segurança, a etiquetagem de artigos domésticos para chamar a atenção da pessoa com a doença ou a utilização de objectos de vida diária modificados.[183][196][197] Se a alimentação se tornar problemática, os alimentos terão de ser preparados em pedaços mais pequenos ou mesmo em puré.[198] Quando surgem dificuldades de deglutição, pode ser necessária a utilização de sondas de alimentação. Nestes casos, a eficácia médica e a ética da continuação da alimentação é uma consideração importante para os prestadores de cuidados e para os familiares.[199][200] O uso de restrições físicas raramente é indicado em qualquer fase da doença, embora haja situações em que são necessárias para evitar danos à pessoa com DA ou aos seus cuidadores.[183]

À medida que a doença progride, podem surgir diferentes problemas médicos, como doenças orais e dentárias, úlceras de pressão, desnutrição, problemas de higiene ou infecções respiratórias, cutâneas ou oculares. Uma gestão cuidadosa pode evitá-los, mas é necessário tratamento profissional quando surgem.[201][202] Durante a fase final da doença, o tratamento centra-se no alívio do desconforto até à morte, muitas vezes com a ajuda de cuidados paliativos.[203]

Tubos de alimentação

As pessoas com doença de Alzheimer (e outras formas de demência) desenvolvem frequentemente problemas de alimentação, devido a dificuldades de deglutição, redução do apetite ou incapacidade de reconhecer os alimentos. Os seus prestadores de cuidados e familiares pedem frequentemente que lhes seja colocada uma sonda de alimentação. No entanto, não há provas de que isso ajude as pessoas com doença de Alzheimer avançada a ganhar peso, a recuperar a força ou a melhorar a sua qualidade de vida. De facto, a sua utilização pode implicar um risco acrescido de pneumonia por aspiração, utilização de restrições físicas e aumento do risco de úlceras de pressão.[204]

Prognóstico

As fases iniciais da doença de Alzheimer são difíceis de diagnosticar. O diagnóstico definitivo é geralmente feito quando a deficiência cognitiva compromete as actividades da vida diária, embora a pessoa possa ainda viver de forma independente. Os sintomas progridem de problemas cognitivos ligeiros, como a perda de memória, para fases crescentes de perturbações cognitivas e não cognitivas, eliminando qualquer possibilidade de vida independente, especialmente nas fases tardias da doença.[26]

Anos de vida ajustados por incapacidade para a doença de Alzheimer e outras demências por 100 000 habitantes em 2004.

Sem dados150-170
<50170-190
50-70190-210
70-90210-230
90-110230-250
110-130> 250
130-150

A esperança de vida da população afetada pela doença é reduzida.[205][206][207] A esperança média de vida após o diagnóstico é de aproximadamente seis anos.[205] Menos de 3% das pessoas vivem mais de catorze anos.[208] As caraterísticas da doença significativamente associadas à redução da sobrevivência são uma maior gravidade do défice cognitivo, diminuição do nível funcional, história de quedas e perturbações no exame neurológico. Outras doenças coincidentes, como problemas cardíacos, diabetes ou historial de abuso de álcool, também estão relacionadas com uma sobrevivência mais curta.[206][209][210] Embora quanto mais precoce for a idade de início da doença, maior será o total de anos de sobrevivência, a esperança de vida é particularmente reduzida quando comparada com a da população saudável entre os mais jovens.[207] Os homens têm um prognóstico de sobrevivência menos favorável do que as mulheres.[208][211]

A doença é a causa de morte subjacente em 68% dos casos.[205] A pneumonia e a desidratação são as causas imediatas de morte mais frequentes provocadas pela DA, enquanto o cancro é uma causa de morte menos frequente do que na população em geral.[205][211]

Epidemiologia

Nos estudos epidemiológicos, são utilizadas duas medidas principais: incidência e prevalência. A incidência é o número de novos casos por unidade de tempo da pessoa em risco (geralmente número de novos casos por mil pessoas-ano); enquanto a prevalência é o número total de casos da doença na população num determinado momento.

Taxas após os 65 anos[212]

Idade	Novo afetado por mil pessoas-ano
65-69	3
70-74	6
75-79	9
80-84	23
85-89	40
90-	69

No que diz respeito à incidência, os estudos longitudinais de coorte (estudos em que uma população sem doença é seguida ao longo dos anos) fornecem taxas entre 10 e 15 por mil pessoas-ano para todas as demências e 5-8 para a DA,[212][213] o que significa que metade dos novos casos de demência em cada ano são de DA. O avanço da idade é um fator de risco primário para a doença e as taxas de incidência não são iguais para todas as idades: a cada cinco anos após os 65 anos, o risco de contrair a doença duplica aproximadamente, aumentando de 3 para 69 por mil pessoas-ano.[212][213]

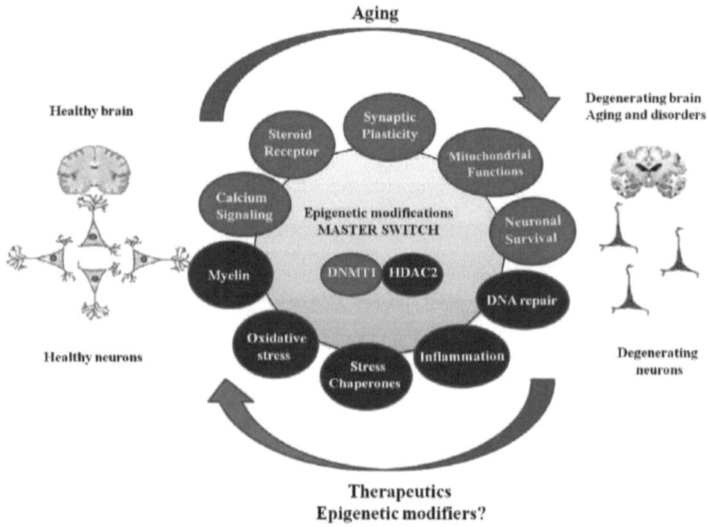

Existem também diferenças entre os sexos nas taxas de incidência, tendo as mulheres um risco mais elevado de desenvolver a doença de Alzheimer, especialmente na população com mais de 85 anos.[213][214] O risco de morrer de doença de Alzheimer é vinte e seis por cento mais elevado entre a população branca não hispânica do que entre a população negra não hispânica, enquanto a população hispânica tem um risco trinta por cento inferior ao da população branca não hispânica.[215]

A prevalência da doença de Alzheimer nas populações depende de diferentes factores, incluindo a incidência e a sobrevivência. Uma vez que a incidência da doença de Alzheimer aumenta com a idade, é particularmente importante incluir a idade média da população em causa. Nos Estados Unidos, a prevalência da doença de Alzheimer foi estimada em 1,6% em 2000, tanto a nível global como no grupo etário dos 65-74 anos, tendo a taxa aumentado para 19% no grupo dos 75-84 anos e para 42% no grupo com mais de 84 anos.[216] As taxas de prevalência nas regiões menos desenvolvidas são mais baixas.[217] A Organização Mundial de Saúde estimou que, em 2005, 0,379% das pessoas em todo o mundo sofriam de demência e que a prevalência aumentaria para 0,441% em 2015 e para 0,556% em 2030.[218] Outros estudos chegaram a conclusões semelhantes.[217] Outro estudo estimou que, em 2006, 0,40% da população mundial (intervalo 0,17-0,89%; número absoluto 26,6 milhões, intervalo 11,4-59,4 milhões) sofria de DA, e que a taxa de prevalência triplicaria e o número absoluto quadruplicaria até 2050.[219]

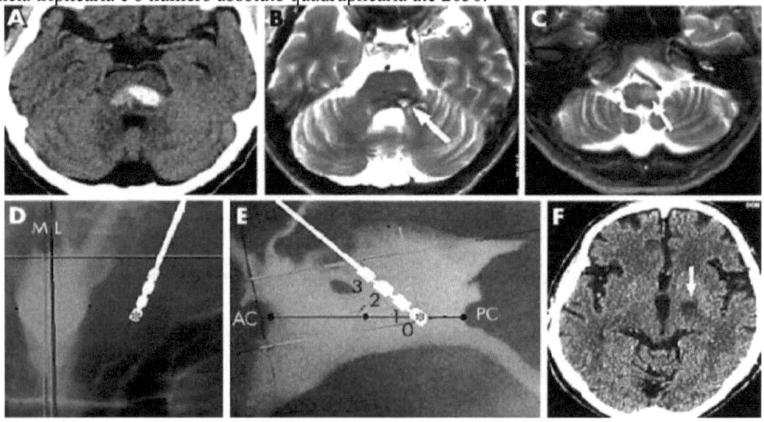

História

Os antigos filósofos e médicos gregos e romanos associavam a velhice a uma demência crescente.[15] Só em

1901 é que o psiquiatra alemão Alois Alzheimer identificou o primeiro caso daquilo que ficou conhecido como doença de Alzheimer, numa mulher de cinquenta anos a que chamou Auguste D. Acompanhou o seu caso até à morte desta, em 1906, altura em que o relatou publicamente pela primeira vez.[220] Durante os cinco anos seguintes, onze casos semelhantes foram relatados na literatura médica, alguns dos quais já utilizavam o termo doença de Alzheimer.[15] A doença foi descrita pela primeira vez como uma doença distinta por Emil Kraepelin, após a supressão de algumas das caraterísticas clínicas (delírios e alucinações) e patológicas (doença arteriosclerótica
alterações) contidas no relatório original de Auguste D.[221] . Ele incluiu a doença de Alzheimer, também denominada demência pré-senil por Kraepelin, como um subtipo de demência senil na oitava edição do seu Textbook of Psychiatry, publicado em 15 de julho de 1910.[222]

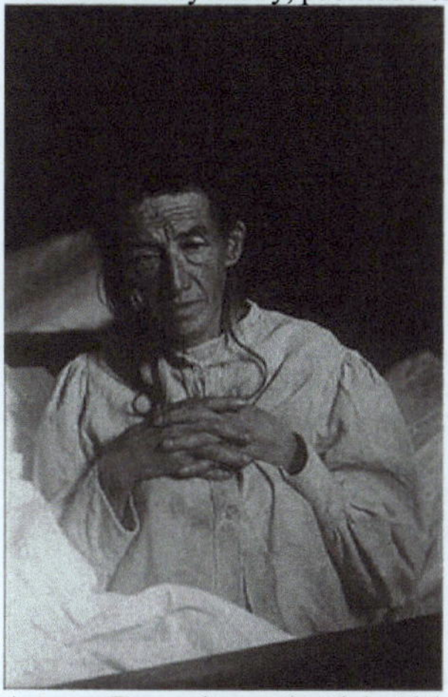

Auguste Deter, doente de Alois Alzheimer, em 1902. Foi o primeiro caso descrito do que ficou conhecido como doença de Alzheimer.

Durante a maior parte do século XX, o diagnóstico da doença de Alzheimer era reservado aos indivíduos com idades compreendidas entre os 45 e os 65 anos que desenvolviam sintomas de demência. A terminologia mudou a partir de 1977, quando uma conferência sobre a doença de Alzheimer concluiu que as manifestações clínicas e patológicas da demência pré-senil e da demência senil eram quase idênticas, embora os autores acrescentassem que isso não excluía a possibilidade de terem causas diferentes.[223] Este facto acabou por conduzir ao diagnóstico da *doença de Alzheimer* independentemente da idade.[224] O termo *demência senil do tipo Alzheimer* (SDAT) foi utilizado durante algum tempo para descrever a doença em pessoas com mais de 65 anos, sendo a doença de Alzheimer clássica utilizada para as pessoas mais jovens. Eventualmente, o termo doença de Alzheimer foi formalmente adotado na nomenclatura médica para descrever indivíduos de todas as idades com um padrão comum de sintomas, evolução da doença e neuropatologia.[225]

Sociedade e cultura

Custos sociais

A demência, e especificamente a doença de Alzheimer, pode estar entre as doenças mais dispendiosas para a sociedade na Europa e nos Estados Unidos,[16][17] , enquanto o seu custo noutros países, como a Argentina,[226] ou a Coreia do Sul,[227] é também elevado e está a aumentar. Estes custos irão provavelmente aumentar com o envelhecimento da sociedade, tornando-se um problema social importante. Os custos associados à doença de Alzheimer incluem custos médicos diretos, como os cuidados em lares de idosos, custos diretos não médicos, como os cuidados diurnos em casa, e custos indirectos, como a perda de produtividade do doente e do prestador de cuidados.[17] Os números variam consoante os estudos, mas os custos da demência a nível mundial foram calculados em cerca de 160 mil milhões de dólares,[228] , enquanto os custos da doença de Alzheimer nos Estados Unidos podem ascender a 100 mil milhões de dólares por ano.[17]

A maior fonte de custos para a sociedade são os cuidados prolongados prestados por profissionais de saúde e, em particular, a institucionalização, que corresponde a 2/3 dos custos totais para a sociedade.[16] O custo de vida no domicílio é também muito elevado,[16] sobretudo se forem tidos em conta os custos informais para a família, como o tempo de prestação de cuidados e a perda de rendimentos do prestador de cuidados.[229] Os custos aumentam com a gravidade da demência e com a presença de perturbações comportamentais,[230] e estão relacionados com o aumento do tempo necessário para a prestação de cuidados físicos.[229] Por conseguinte, qualquer tratamento que abrande o declínio cognitivo, atrase a institucionalização ou reduza as horas de trabalho dos prestadores de cuidados terá benefícios económicos. As avaliações económicas dos tratamentos actuais revelaram resultados positivos.[17]

Carga de cuidados

Mais informações: Prestação de cuidados e demência

O papel de principal prestador de cuidados é frequentemente assumido pelo cônjuge ou por um familiar próximo.[231] A doença de Alzheimer é conhecida por colocar uma grande carga sobre os prestadores de cuidados, que inclui aspectos sociais, psicológicos, físicos ou económicos.[9][232][233] Os cuidados domiciliários são geralmente preferidos pelas pessoas com doença de Alzheimer e pelas suas famílias.[234] Esta opção também atrasa ou elimina a necessidade de níveis de cuidados mais profissionais e dispendiosos.[234][235] No entanto, dois terços dos residentes em lares de idosos sofrem de demência.[183]

Os cuidadores de pessoas com demência estão sujeitos a elevadas taxas de perturbações físicas e mentais.[236] Os factores associados a maiores problemas psicossociais dos cuidadores primários incluem ter uma pessoa afetada em casa, o cuidador ser cônjuge, comportamentos exigentes da pessoa cuidada, tais como depressão, perturbações comportamentais, alucinações, problemas de sono ou perturbações da marcha e isolamento social.[237][238] No que diz respeito aos problemas económicos, os familiares prestadores de cuidados abdicam frequentemente do seu tempo de trabalho para passarem, em média, 47 horas por semana com a pessoa com DA, ao mesmo tempo que os custos da prestação de cuidados são elevados. Os custos diretos e indirectos de cuidar de um doente de Alzheimer situam-se, em média, entre 18 000 e 77 500 dólares por ano nos Estados Unidos, dependendo do estudo.[229][231]

A terapia cognitivo-comportamental e o ensino de estratégias de confronto, quer individualmente quer em grupo, demonstraram a sua eficácia na melhoria da saúde psicológica dos prestadores de cuidados.[9][239]

Casos notáveis

Mais informações: A doença de Alzheimer nos media

Ver também: Organizações da doença de Alzheimer

Dada a elevada prevalência da doença de Alzheimer, muitas pessoas notáveis desenvolveram-na. Exemplos bem conhecidos são o antigo Presidente dos Estados Unidos Ronald Reagan e a escritora irlandesa Iris Murdoch, ambos objeto de artigos científicos que analisam a deterioração das suas capacidades cognitivas com a doença.[240][241][242] Outros casos incluem o futebolista reformado Ferenc Puskas,[243] os ex-primeiros-ministros Harold Wilson (Reino Unido) e Adolfo Suarez (Espanha),[244][245] o político indiano George Femandes,[246] a atriz Rita Hayworth,[247] o ator Charlton Heston,[248] o autor Harnett Kane,[249] o prémio Nobel Charles K. Kao,[250] o romancista Terry Pratchett,[251] e o político e ativista Sargent Shriver.[252]

Charlton Heston e Ronald Reagan numa reunião na Casa Branca. Mais tarde, ambos viriam a ser diagnosticados com a doença de Alzheimer.

A AD também foi retratada em filmes como: Iris (2001), baseado no livro de memórias de John Bayley sobre a sua esposa Iris Murdoch;[253] The Notebook (2004), baseado no romance homónimo de Nicholas

Sparks de 1996;[254] A Moment to Remember (2004);Thanmathra (2005);[255] Memories of Tomorrow (Ashita no Kioku) (2006), baseado no romance homónimo de Hiroshi Ogiwara;[256] Away from Her (2006), baseado no conto de Alice Munro "The Bear Came over the Mountain";[257] Still Alice (2014), sobre uma professora de Harvard que tem a doença de Alzheimer de início precoce, baseado no romance homónimo de Lisa Genova de 2007 e com Julianne Moore no papel principal. Os documentários sobre a doença de Alzheimer incluem Malcolm and Barbara: A Love Story (1999) e Malcolm and Barbara: Love's Farewell (2007), ambos com Malcolm Pointon.[258]

Direcções de investigação

Artigo principal: Investigação sobre a doença de Alzheimer

Em 2014, a segurança e a eficácia de mais de 400 tratamentos farmacêuticos tinham sido ou estavam a ser investigadas em mais de 1500 ensaios clínicos em todo o mundo, e aproximadamente um quarto destes compostos estão em ensaios de Fase III, a última etapa antes da análise pelas agências reguladoras [259].[ ]

Uma área da investigação clínica centra-se no tratamento da patologia subjacente à doença. A redução dos níveis de beta-amiloide é um alvo comum dos compostos[260] (como a apomorfina) que estão a ser investigados. A imunoterapia ou vacinação contra a proteína amiloide é uma modalidade de tratamento que está a ser estudada.[261] Ao contrário da vacinação preventiva, a suposta terapia seria utilizada para tratar pessoas já diagnosticadas. Baseia-se no conceito de treinar o sistema imunitário para reconhecer, atacar e reverter a deposição de amiloide, alterando assim o curso da doença.[262] Um exemplo de uma vacina deste tipo que estava a ser investigada era a ACC- 001,[263][264] , embora os ensaios tenham sido suspensos em 2008.[265] Outro agente semelhante é o bapineuzumab, um anticorpo concebido como idêntico ao anticorpo anti-amiloide induzido naturalmente.[266] Outras abordagens são os agentes neuroprotectores, como o AL-108,[267] e os agentes de atenuação da interação metal-proteína, como o PBT2.[268] Uma proteína de fusão bloqueadora do recetor de TNFa, o etanercept, apresentou resultados encorajadores.[269]

Em 2008, dois ensaios clínicos distintos mostraram resultados positivos na modificação do curso da doença na DA ligeira a moderada com cloreto de metiltionínio, um medicamento que inibe a agregação da tau,[270][271] e dimebon, um anti-histamínico.[272] O ensaio consecutivo de fase III do dimebon não mostrou efeitos positivos nos parâmetros primários e secundários.[273][274][275] O trabalho com o cloreto de metiltionínio mostrou que a biodisponibilidade do metiltionínio a partir do intestino era afetada pela alimentação e pela acidez do estômago, o que levava a uma dosagem inesperadamente variável.[276] Uma nova formulação estabilizada, como o pró-fármaco LMTX, está a ser testada na fase III.[277]

Verificou-se que o vírus herpes simplex comum HSV-1 se encontra associado a placas amilóides.[278] Este facto sugere a possibilidade de a DA poder ser tratada ou prevenida com medicação antiviral.[278][279]

As investigações preliminares sobre os efeitos da meditação na recuperação da memória e nas funções cognitivas são encorajadoras.[280]

Um painel da FDA votou por unanimidade para recomendar a aprovação do florbetapir, que é atualmente utilizado num estudo experimental. O agente de imagiologia pode ajudar a detetar as placas cerebrais de Alzheimer, mas necessitará de investigação clínica adicional antes de poder ser disponibilizado comercialmente.[281] Uma revisão de 2015 sugere que as intervenções baseadas na atenção plena podem prevenir ou retardar o aparecimento do défice cognitivo ligeiro e da doença de Alzheimer.[282]

Estão a ser estudados casos raros de possível transmissão entre pessoas.[283][284]

Imagiologia

Das muitas técnicas de imagiologia médica disponíveis, a tomografia computorizada por emissão de fotão único (SPECT) parece ser superior na diferenciação da doença de Alzheimer de outros tipos de demência, tendo demonstrado um maior nível de precisão em comparação com os testes mentais e a análise da história clínica.[285] Os progressos registados levaram à proposta de novos critérios de diagnóstico.[19][113]

O PiB PET continua em fase de investigação, mas um radiofármaco PET semelhante, denominado florbetapir, que contém o radionuclídeo de maior duração flúor-18, foi recentemente testado como ferramenta de diagnóstico na doença de Alzheimer, tendo sido aprovado pela FDA para esta utilização.[286][287]

É provável que a imagiologia do amiloide seja utilizada em conjunto com outros marcadores e não como alternativa.[288] A ressonância magnética volumétrica pode detetar alterações no tamanho das regiões do cérebro. A medição das regiões que se atrofiam durante a evolução da doença de Alzheimer está a revelar-se promissora como indicador de diagnóstico. Pode revelar-se menos dispendiosa do que outros métodos de imagiologia atualmente em estudo.[289]

Capítulo 2

RBBP4

A proteína de ligação à histona RBBP4 (também conhecida como **RbAp48** ou **NURF55**) é uma proteína que, em humanos, é codificada pelo gene RBBP4.[1][2]

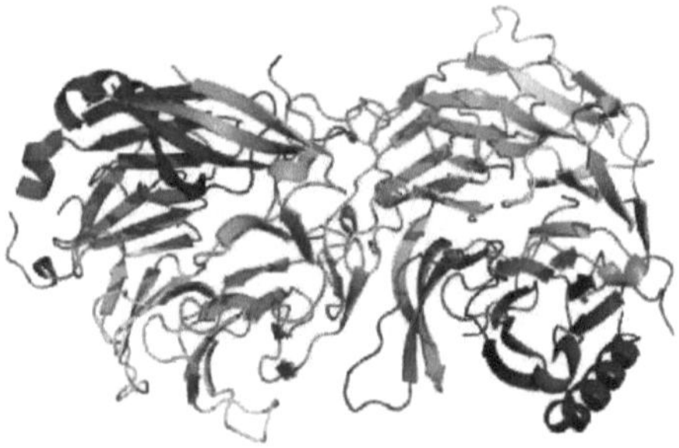

Proteína de ligação ao retinoblastoma 4

<table>
<tr><td colspan="3">Renderização baseada no PDB 2XU7.</td></tr>
<tr><td colspan="3">Estruturas disponíveis</td></tr>
<tr><td rowspan="2">APO</td><td colspan="2">Pesquisa de ortólogos: PDBe, RCSB</td></tr>
<tr><td colspan="2">[Mostrar] Lista de códigos de identificação da APO</td></tr>
<tr><td colspan="3">Identificadores</td></tr>
<tr><td>Símbolos</td><td colspan="2">RBBP4 ; NURF55; RBAP48; lin-53</td></tr>
<tr><td>IDs externos</td><td colspan="2">OMIM: 602923 MGI: 1194912
HomoloGene: 21153 GeneCards: RBBP4
Gene</td></tr>
<tr><td colspan="3">[mostrar]Ontologia genética</td></tr>
<tr><td colspan="3">Ortólogos</td></tr>
<tr><td>Espécies</td><td>Humano</td><td>Rato</td></tr>
<tr><td>Entrez</td><td>5928</td><td>19646</td></tr>
</table>

Ensembl	ENSG00000162521	ENSMUSG00000057236
UniProt	Q09028	Q60972
RefSeq (mRNA)	NM_001135255	NM_009030
RefSeq (proteína)	NP_001128727	NP_033056
Localizaçã o (UCSC)	Chr 1: 32,65 - 32,69 Mb	Chr 4: 129,31 - 129,34 Mb
Pesquisa PubMed	[1]	[2]

-v
-t
-e

Significado clínico

Suspeita-se que uma diminuição da RbAp48 no giro dentado (DG) do hipocampo no cérebro seja a principal causa da perda de memória no envelhecimento normal.[4] Observa-se uma diminuição da RbAp48 relacionada com a idade no GD de tecido humano post-mortem e também em ratos. Além disso, um gene knockin de uma forma negativa dominante de RbAp48 causa défices de memória em ratinhos jovens semelhantes aos observados em ratinhos mais velhos. Por fim, a transferência de genes lentivirais para aumentar a expressão de RbAp48 no cérebro inverte os défices de memória em ratinhos mais velhos.[4]

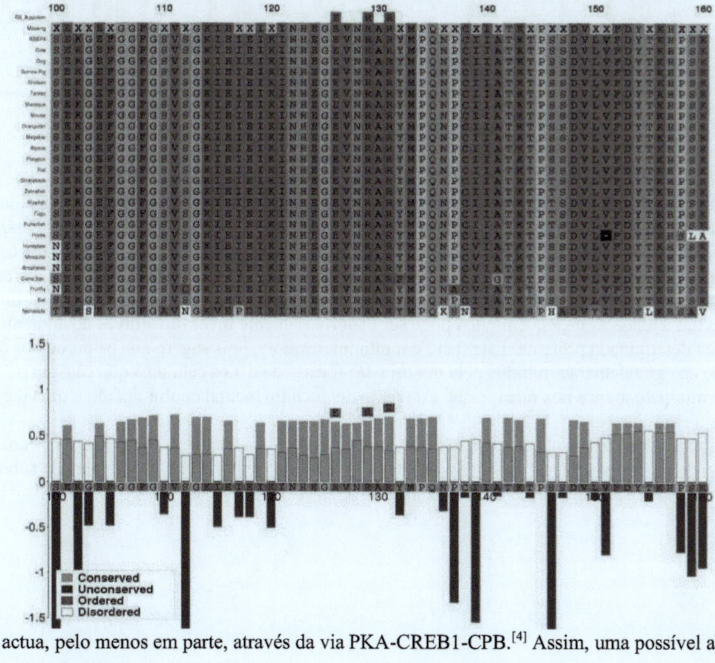

O RBBP4 actua, pelo menos em parte, através da via PKA-CREB1-CPB.[4] Assim, uma possível abordagem terapêutica para restaurar a perda de memória relacionada com a idade é a utilização de fármacos estimuladores da via PKA-CREB1-CPB. Foi demonstrado anteriormente que os agonistas da dopamina D1/D5, como o 6-Br-APB e o SKF-38,393, que estão acoplados positivamente à adenilil ciclase, e o inibidor da fosfodieserase do AMPc, rolipram, reduzem os defeitos de memória em ratinhos idosos.[5]

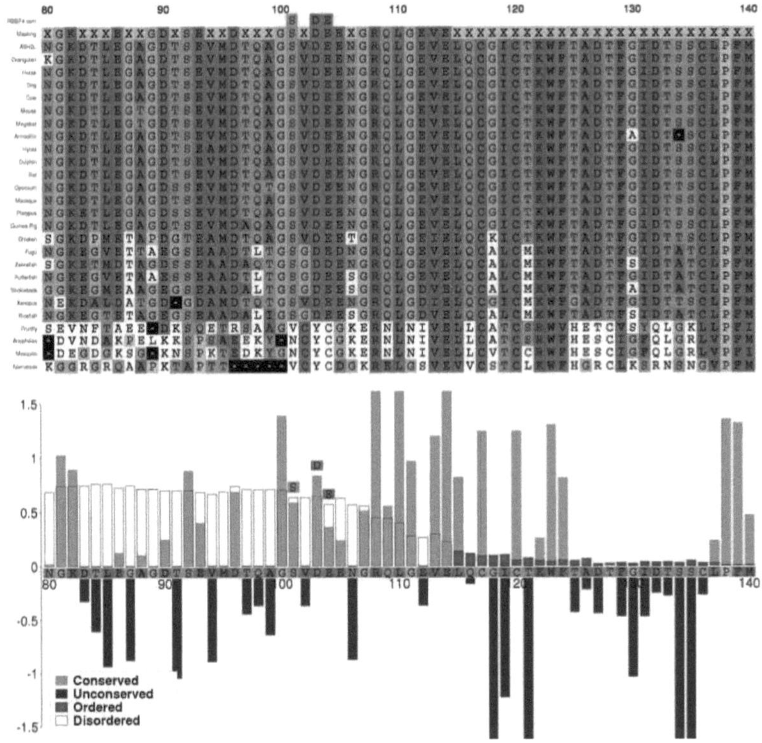

O aumento da expressão de RbAp48 restaura a capacidade de memória em ratos idosos;
Os investigadores estão a fazer progressos na descoberta dos pormenores de baixo nível do funcionamento da memória nos cérebros dos mamíferos, tal como estão a fazer progressos em todas as áreas da biologia. Por vezes, o processo de descoberta vem acompanhado de uma demonstração de utilidade, como é o caso. Pondo de lado as consequências de uma acumulação de depósitos de amiloide do tipo Alzheimer e a disfunção neural que lhe está associada, a investigação citada abaixo demonstra que o resto do declínio da função de memória devido à idade avançada em ratos pode ser maioritariamente invertido através do aumento dos níveis de uma determinada proteína. Este facto é muito interessante, pois sugere que os processos de memória não são grandemente inibidos pela maioria das formas de danos celulares que causam o envelhecimento, pelo menos nos ratos, e que esta parte do declínio mental ocorre devido a uma das respostas epigenéticas a esses danos.
Poderíamos perguntar-nos porque é que isto aconteceu no decurso da adaptação evolutiva, mas qualquer tipo de teorização da minha parte seria muito especulativa nesta altura, seguindo a linha do partido sobre a pleiotropia antagónica no contexto do envelhecimento.

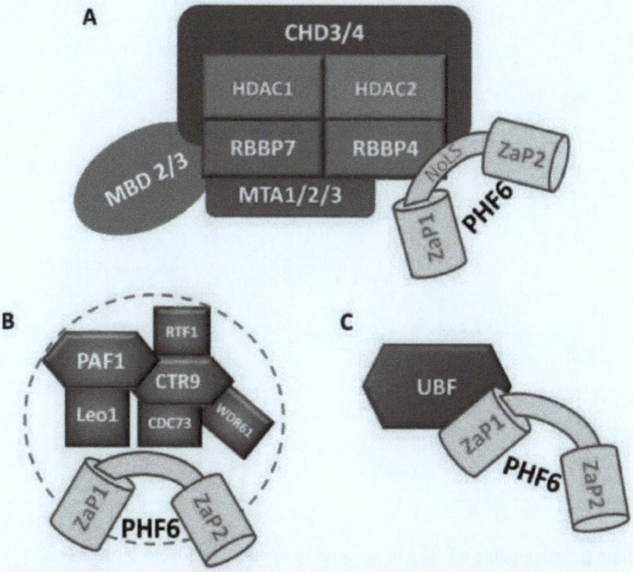

Identificada uma causa importante de perda de memória relacionada com a idade

Citação:
Uma equipa de investigadores do Centro Médico da Universidade de Columbia (CUMC) [descobriu] que a deficiência de uma proteína chamada RbAp48 no hipocampo contribui significativamente para a perda de memória relacionada com a idade e que esta forma de perda de memória é reversível. O hipocampo, uma região do cérebro que consiste em várias sub-regiões interligadas, cada uma com uma população distinta de neurónios, desempenha um papel vital na memória. Estudos demonstraram que a doença de Alzheimer prejudica a memória actuando primeiro no córtex entorrinal (CE), uma região do cérebro que fornece as principais vias de entrada para o hipocampo. Inicialmente, pensava-se que a perda de memória relacionada com a idade era uma manifestação precoce da doença de Alzheimer, mas cada vez mais provas sugerem que se trata de um processo distinto que afecta o giro denteado (GD), uma sub-região do hipocampo que recebe uma entrada direta do CE.
Os investigadores começaram por efetuar análises de microarray (expressão genética) de células cerebrais post-mortem do DG de oito pessoas, com idades compreendidas entre os 33 e os 88 anos, todas elas sem doenças cerebrais. A equipa também analisou células do seu CE, que serviram de controlo, uma vez que esta estrutura cerebral não é afetada pelo envelhecimento. As análises identificaram 17 genes candidatos que podem estar relacionados com o envelhecimento na DG. As alterações mais significativas ocorreram num gene chamado RbAp48, cuja expressão diminuiu de forma constante com o envelhecimento nos indivíduos do estudo. Para determinar se o RbAp48 desempenha um papel ativo na perda de memória relacionada com a idade, os investigadores recorreram a estudos com ratos.

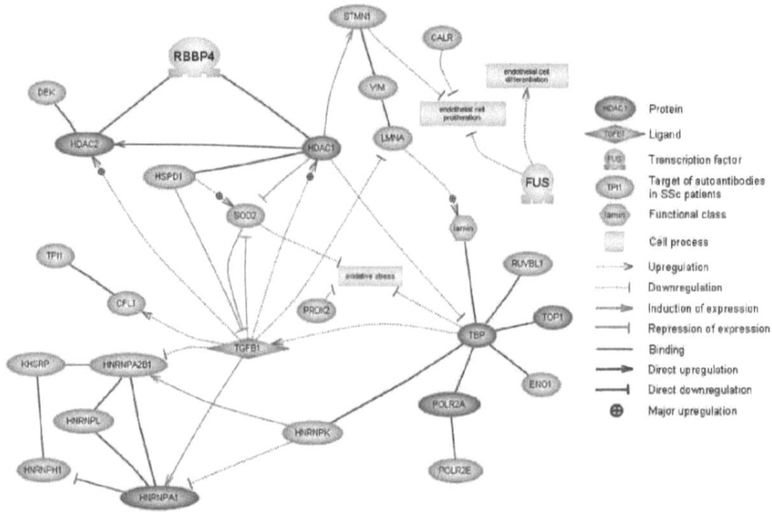

Quando os investigadores inibiram geneticamente a RbAp48 no cérebro de ratinhos jovens e saudáveis, verificaram a mesma perda de memória que nos ratinhos idosos, medida através de testes de reconhecimento de objectos novos e de memória no labirinto aquático. Quando a inibição da RbAp48 foi desactivada, a memória dos ratos voltou ao normal. Os investigadores também realizaram estudos de ressonância magnética funcional (fMRI) nos ratinhos com RbAp48 inibida e descobriram um efeito seletivo no DG, semelhante ao observado em estudos de fMRI em ratinhos idosos, macacos e humanos. Este efeito da inibição da RbAp48 no GD foi acompanhado de defeitos nos mecanismos moleculares semelhantes aos encontrados nos ratinhos idosos. O perfil de fMRI e os defeitos mecanicistas dos ratinhos com RbAp48 inibida voltaram ao normal quando a inibição foi desligada.

Numa outra experiência, os investigadores utilizaram a transferência de genes virais e aumentaram a expressão de RbAp48 no DG de ratinhos idosos. "Ficámos espantados com o facto de isso não só ter melhorado o desempenho dos ratos nos testes de memória, como o seu desempenho era comparável ao dos ratos jovens".

Parece improvável que o que se está a passar debaixo do capô seja simples, mesmo que seja o resultado de uma única alteração genética. Os investigadores ainda não conseguem explicar de forma completa e abrangente nenhuma das formas de prolongamento da vida conseguidas através de manipulações de um único gene, e algumas delas são conhecidas há mais de quinze anos. Níveis alterados de uma única proteína podem desencadear todo o tipo de mudanças radicais no metabolismo. Prevejo que grande parte da próxima década passará antes de se conseguir sequer um esboço do que se está a passar aqui. Felizmente, não é necessária uma compreensão total para demonstrar o potencial das terapias - apenas aumenta as probabilidades de produzir uma tecnologia médica viável e útil.

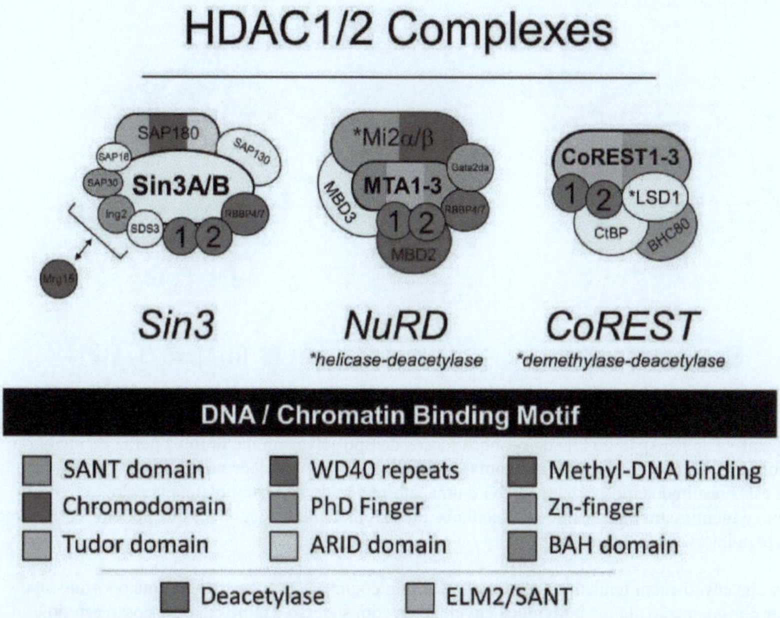

Para quem gosta de ver as fontes originais, aqui está o artigo:
Mecanismo molecular para a perda de memória relacionada com a idade: a proteína de ligação à histona RbAp48

Citação:

Para distinguir mais explicitamente a perda de memória relacionada com a idade da doença de Alzheimer (DA), explorámos os seus fundamentos moleculares no giro denteado (GD), uma sub-região da formação hipocampal que se pensa ser afetada pelo envelhecimento. Realizámos um estudo de expressão genética em tecido humano post mortem colhido do GD e do córtex entorrinal (CE), uma sub-região vizinha não afetada pelo envelhecimento e conhecida por ser o local de início da DA. Utilizando a expressão no CE para normalização, identificámos 17 genes que manifestaram alterações fiáveis relacionadas com a idade no GD. A alteração mais significativa foi um declínio relacionado com a idade no RbAp48, uma proteína de ligação à histona que modifica a acetilação da histona.

Para testar se o declínio da RbAp48 poderia ser responsável pela perda de memória relacionada com a idade, recorremos aos ratinhos e descobrimos que, tal como nos humanos, a RbAp48 era menos abundante no GD dos ratinhos idosos do que nos ratinhos jovens. Em seguida, criámos um ratinho transgénico que expressava um inibidor dominante-negativo da RbAp48 no prosencéfalo adulto. A inibição da RbAp48 em ratinhos jovens causou défices de memória dependentes do hipocampo semelhantes aos associados ao envelhecimento, medidos pelos testes de reconhecimento de objectos novos e do labirinto aquático de Morris. Estudos de ressonância magnética funcional mostraram que, na formação do hipocampo, a disfunção foi observada seletivamente no DG, o que correspondeu a uma diminuição regionalmente selectiva da acetilação das histonas.

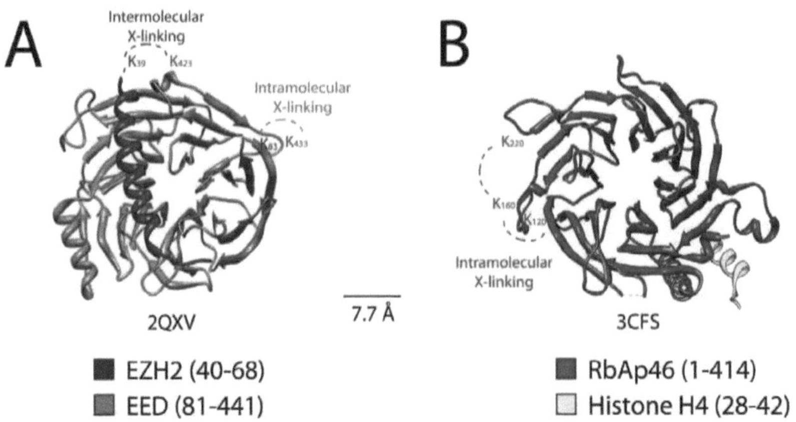

A regulação positiva de RbAp48 no GD de ratinhos idosos de tipo selvagem melhorou a perda de memória relacionada com a idade no hipocampo e as anomalias relacionadas com a idade na acetilação de histonas. Em conjunto, estes resultados mostram que a DG é uma sub-região do hipocampo afetada pelo envelhecimento e identificam mecanismos moleculares do envelhecimento cognitivo que podem servir como alvos válidos para intervenção terapêutica.

Resumo

Os indivíduos que envelhecem tendem a registar um declínio cognitivo, o que constitui uma oportunidade para investigar por que razão alguns indivíduos envelhecem com sucesso e outros não. O nosso estudo investiga o RbAp48, um gene relacionado com a função cognitiva, para determinar se a expressão deste "gene da memória" diminui com a idade. Os nossos dados sugerem que o RbAp48 diminui com a idade, e estudos futuros irão testar se as hormonas esteróides, que têm influências conhecidas na função cognitiva, desempenham um papel na regulação da expressão do gene RbAp48.

Objetivo (a):

Com o envelhecimento, os seres humanos tendem a registar um declínio cognitivo. Estas variações no funcionamento cognitivo constituem uma oportunidade para investigar as razões pelas quais alguns indivíduos envelhecem com sucesso e outros não. Numa análise abrangente da regulação dos genes nos processos normais de envelhecimento, foi recentemente demonstrado que a proteína de ligação às histonas, RbAp48, está implicada na perda de memória relacionada com a idade. Dado o papel sugerido da RbAp48 na função cognitiva, procurámos determinar se, nos modelos animais de envelhecimento atualmente utilizados no nosso laboratório, a RbAp48 diminui com a idade.

Métodos (b):

Avaliámos a expressão de RbAp48 no hipocampo de ratinhos C57Bl/6 fêmeas com 7,5 meses e 25,5 meses de idade, representando ratinhos jovens adultos e velhos. O ARNm da RbAp48 foi avaliado através da conversão do ARN em ARNc pela transcriptase reversa (rt), seguida da reação em cadeia da polimerase (PCR) em tempo real. Paralelamente, foram medidos os níveis de GAPDH, um gene "housekeeping", para ter em conta a variação do material de partida. As diferenças na expressão de RbAp48 foram baseadas na metodologia delta-delta CT publicada por Livak e Schmittgen (2001). A avaliação estatística das diferenças entre grupos experimentais foi determinada utilizando um teste t bicaudal.

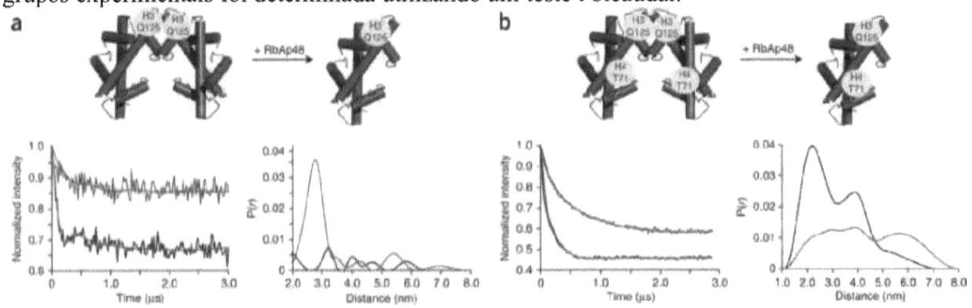

Resultados (c):

Os nossos dados revelaram uma redução de aproximadamente 21% nos níveis de ARNm de RbAp48 nos ratinhos de 25,5 meses, em comparação com os ratinhos de 7,5 meses. Embora não sejam estatisticamente significativos (n=3, p=0,0791), prevemos que estes dados justifiquem uma análise mais aprofundada e a expansão do tamanho da nossa amostra para determinar de forma mais fiável as diferenças em função da idade cronológica.

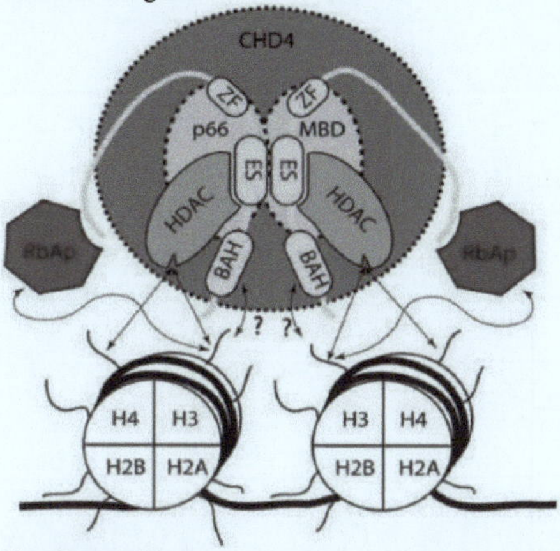

Conclusões (d):
Estes estudos sugerem que a expressão do RbAp48, um presumível "gene da memória", diminui com a idade. Os nossos estudos futuros irão determinar se as hormonas esteróides, o estrogénio e a progesterona, que têm influências conhecidas na função cognitiva, regulam a expressão do RbAp48.

Proteína do retinoblastoma

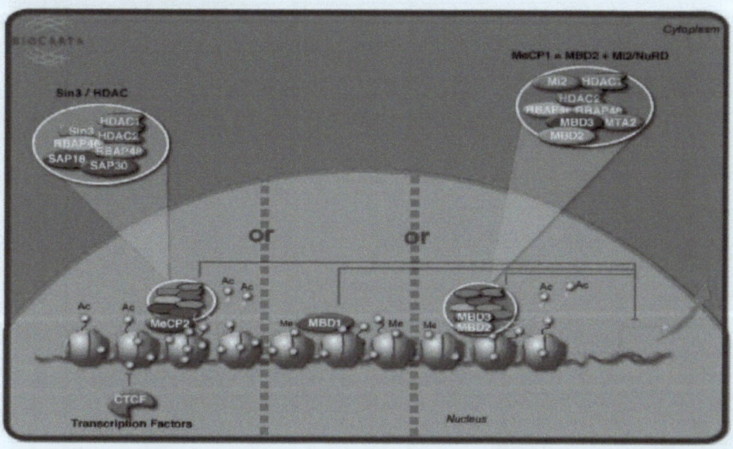

A **proteína do retinoblastoma** (nome da proteína abreviado **pRb**; nome do gene abreviado **RB** ou **RB1**) é uma proteína supressora de tumores que está disfuncional em vários cancros importantes.[1] Uma das funções da pRb é evitar o crescimento excessivo das células, inibindo a progressão do ciclo celular até que a célula esteja pronta para se dividir. Quando a célula está pronta para se dividir, a pRb é fosforilada, torna-se inativa e permite a progressão do ciclo celular. É também um recrutador de várias enzimas de remodelação da cromatina, como as metilases e as acetilases.[2]
A pRb pertence à família das proteínas de bolso, cujos membros possuem um bolso para a ligação funcional de outras proteínas.[3][4] Se uma proteína oncogénica, como as produzidas por células infectadas por tipos de papilomavírus humanos de alto risco, se ligar e inativar a pRb, pode provocar cancro.

Retinoblastoma 1

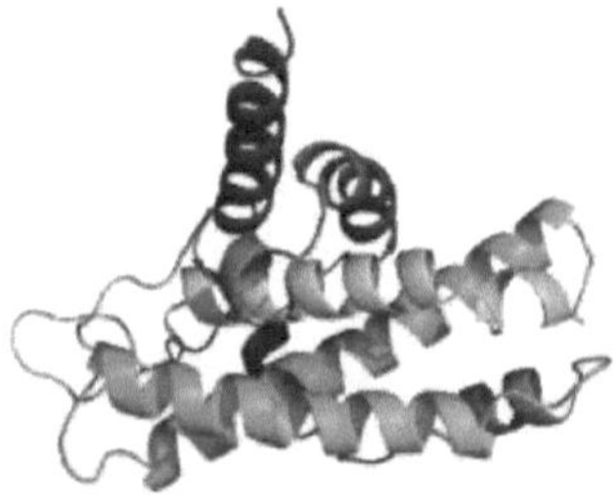

Renderização PDB baseada em 1ad6.

<table>
<tr><td colspan="2">Estruturas disponíveis</td></tr>
<tr><td rowspan="2">APO</td><td>Pesquisa de ortólogos: PDBe, RCSB</td></tr>
<tr><td>[Mostrar] Lista de códigos de identificação da APO</td></tr>
<tr><td colspan="2">Identificadores</td></tr>
<tr><td>Símbolos</td><td>RB1; OSRC; PPP1R130; RB; p105-Rb; pRb; pp110</td></tr>
<tr><td>IDs externos</td><td>OMIM: 614041 MGI: 97874 HomoloGene: 272 ChEMBL: 5288 GeneCards: Gene RB1</td></tr>
<tr><td colspan="2">[mostrar] Ontologia genética</td></tr>
<tr><td colspan="2">Padrão de expressão do ARN</td></tr>
</table>

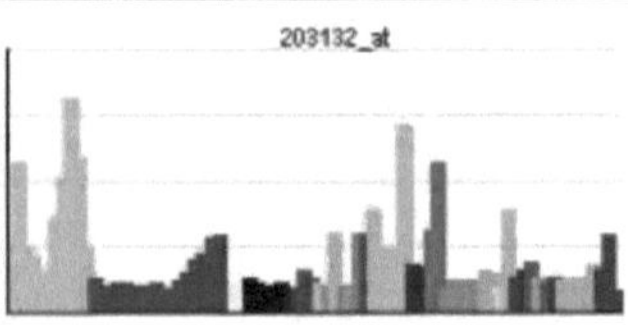

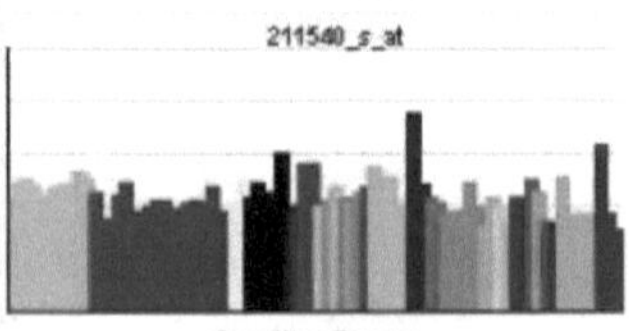

Mais dados de expressão de referência		
Ortólogos		
Espécie Humana		**Rato**
Entrez 5925		19645
Ensembl ENSG00000139687		ENSMUS G00000022105
UniProt P06400		P13405
RefSeq NM_000321		NM_009029
(mRNA)		
RefSeq (proteína)	NP 000312	NP 033055
Localização (UCSC)	Chr 13: 48,3 -48,48 Mb	Chr 14: 73.18 -73.33 Mb
Pesquisa PubMed	[1]	[2]

- v
- t
- e

Nome e genética

Nos seres humanos, a proteína é codificada pelo gene RB1 localizado em 13q14.1-q14.2. Se ambos os alelos deste gene sofrerem uma mutação no início da vida, a proteína é inactivada e resulta no desenvolvimento do cancro retinoblastoma, daí o nome *Rb.* As células da retina não são eliminadas ou substituídas e estão sujeitas a níveis elevados de radiação UV mutagénica, pelo que a maioria dos knock-outs do pRB ocorre no tecido da retina (mas também foi documentado em certos cancros da pele em doentes da Nova Zelândia, onde a quantidade de radiação UV é significativamente mais elevada).

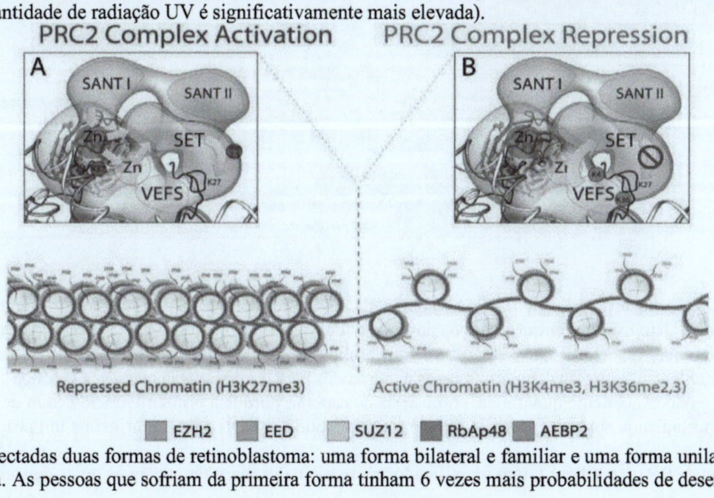

Foram detectadas duas formas de retinoblastoma: uma forma bilateral e familiar e uma forma unilateral e esporádica. As pessoas que sofriam da primeira forma tinham 6 vezes mais probabilidades de desenvolver outros tipos de cancro mais tarde na vida.[5] Isto evidenciou o facto de a mutação Rb poder ser hereditária e apoiou a hipótese dos dois acertos. Esta afirma que apenas um alelo ativo de um gene supressor de tumores é necessário para a sua função (o gene mutado é recessivo), pelo que ambos têm de estar mutados para que o fenótipo do cancro apareça. Na forma familiar, um alelo mutado é herdado juntamente com um alelo normal. Neste caso, se uma célula sofrer apenas *uma* mutação no outro gene RB, todo o Rb nessa célula será ineficaz na inibição da progressão do ciclo celular, permitindo que as células se dividam descontroladamente e acabem por se tornar cancerosas. Além disso, como um dos alelos já está mutado em todas as outras células somáticas, a incidência futura de cancros nestes indivíduos é observada com uma cinética linear.[6] O alelo ativo não precisa de sofrer uma mutação *em si*, uma vez que a perda de heterozigotia (LOH) é frequentemente observada nestes tumores.

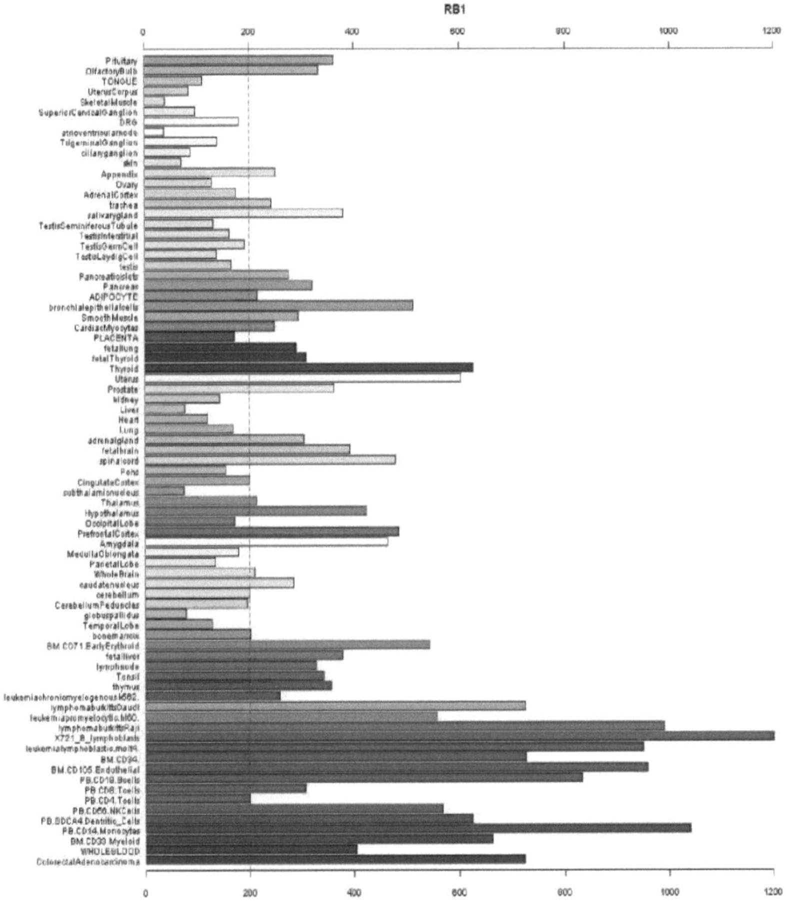

No entanto, na forma esporádica, é necessário que ambos os alelos sofram uma mutação para que a célula se torne cancerosa. Isto explica porque é que os portadores de retinoblastoma esporádico não correm um risco acrescido de cancro mais tarde na vida, uma vez que ambos os alelos são funcionais em todas as suas outras células. A incidência futura de cancro nos casos esporádicos de Rb é observada com uma cinética polinomial, e não exatamente quadrática, como seria de esperar, porque a primeira mutação tem de surgir através de mecanismos normais, podendo depois ser duplicada por LOH para dar origem a um progenitor tumoral.

Os ortólogos de RB1[7] também foram identificados na maioria dos mamíferos para os quais existem dados completos sobre o genoma.

Repressão da transcrição das proteínas da família RB/E2F.[8]

Supressão do ciclo celular

A Rb limita a capacidade da célula para replicar o ADN, impedindo a sua progressão da fase G1 (primeira fase de hiato) para a fase S (fase de síntese) do ciclo de divisão celular.[9] A Rb liga-se e inibe os factores de transcrição da família E2F, que são compostos por dímeros de uma proteína E2F e de uma proteína parceira de dimerização (DP).[10] Os complexos de ativação da transcrição dos parceiros de dimerização da proteína de ligação ao promotor E2 (E2F-DP) podem empurrar uma célula para a fase S.[11][12][13][14][15] Enquanto o E2F-DP estiver inactivado, a célula permanece estagnada na fase G1. Quando Rb está ligado a E2F, o complexo actua como um supressor do crescimento e impede a progressão do ciclo celular.[4] O complexo Rb-E2F/DP também atrai uma proteína histona desacetilase (HDAC) para a cromatina, reduzindo a transcrição de factores promotores da fase S, suprimindo ainda mais a síntese de ADN.

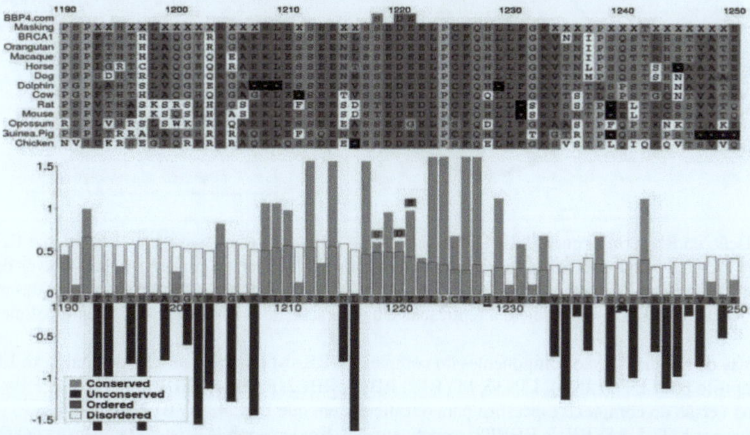

Deteção

Foram desenvolvidos vários métodos para detetar as mutações do gene RB1[16] , incluindo um método que pode detetar grandes deleções que se correlacionam com retinoblastoma em fase avançada.[17]

Ativação e inativação

A pRb é fosforilada em pRb por certas cinases dependentes da ciclina (CDK). A pRb é descrita como sendo hiperfosforilada e, quando se encontra neste estado, é incapaz de complexar o E2F e, por conseguinte, incapaz de restringir a progressão da fase G1 para a fase S do ciclo celular. Durante a transição de M para G1, a pRb é progressivamente desfosforilada pela PP1, regressando ao seu estado hipofosforilado Rb, supressor do crescimento.[4][18]

Quando chega a altura de uma célula entrar na fase S, complexos de cinases dependentes de ciclinas (CDK) e ciclinas fosforilam a Rb em pRb, inibindo a sua atividade.[3][4][19][20] A fosforilação inicial é efectuada pela ciclina D/CDK4/CDK6 e seguida de fosforilação adicional pela ciclina E/CDK2. A pRb permanece fosforilada durante as fases S, G2 e M.[4]

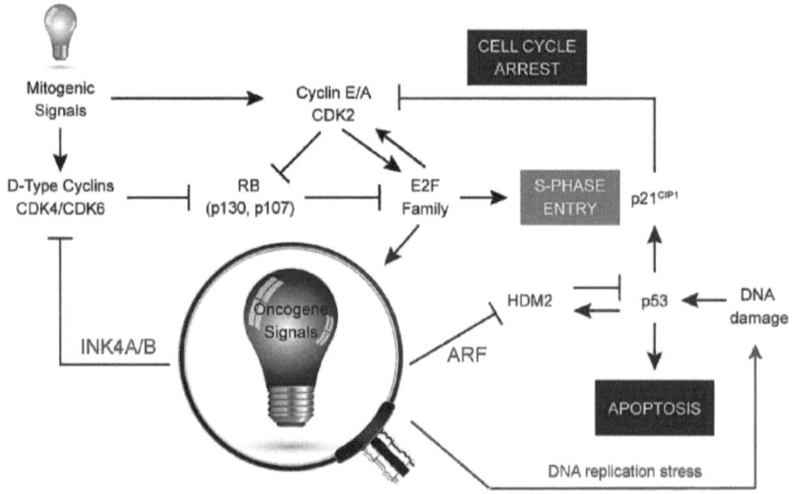

A fosforilação da Rb permite que o E2F-DP se dissocie da pRb e se torne ativo.[4][12][19] Quando o E2F está livre, ativa factores como as ciclinas (por exemplo, a ciclina E e A), que empurram a célula através do ciclo celular activando as cinases dependentes da ciclina, e uma molécula chamada antigénio nuclear das células em proliferação, ou PCNA, que acelera a replicação e a reparação do ADN ajudando a fixar a polimerase ao ADN.[11][14][19]

As proteínas da família Rb são componentes do complexo DREAM (também designado complexo LINC), que é composto por LIN9, LIN54, LIN37, MYBL2, RBL1, RBL2, RBBP4, TFDP1, TFDP2, E2F4 e E2F5. Existe uma versão do complexo específica para o testículo, em que LIN54, MYBL2 e RBBP4 são substituídos por MTL5, MYBL1 e RBBP7, respetivamente. Em Drosophila existem também as duas versões do DREAM, sendo os componentes mip130 (homólogo de lin9, substituído por aly nos testículos), mip120 (homólogo de lin54, substituído por tomb nos testículos) e Myb, Caf1p55, DP, Mip40, E2F2, Rbf e Rbf2. O complexo DREAM existe em células quiescentes em associação com MuvB (constituído por HDAC1 ou HDAC2, LIN52 e L3mbtl1, L3mbtl3 ou L3mbtl4) onde reprime genes dependentes do ciclo celular. Na fase S, o DREAM dissocia-se do MuvB e é recrutado pelo MYB.

Regeneração

Cóclea

A proteína retinoblastoma está envolvida no crescimento e desenvolvimento das células ciliadas da cóclea dos mamíferos e parece estar relacionada com a incapacidade de regeneração destas células. As células ciliadas embrionárias necessitam de Rb, entre outras proteínas importantes, para sair do ciclo celular e parar de se dividir, o que permite a maturação do sistema auditivo. Quando os mamíferos de tipo selvagem atingem a idade adulta, as suas células ciliadas cocleares tornam-se incapazes de proliferar. Em estudos em que o gene para Rb é eliminado na cóclea de ratinhos, as células ciliadas continuam a proliferar no início da idade adulta. Embora isto possa parecer um desenvolvimento positivo, os ratinhos Rb-knockdown tendem a desenvolver perda auditiva grave devido à degeneração do órgão de Corti. Por esta razão, Rb parece ser fundamental para completar o desenvolvimento das células ciliadas dos mamíferos e mantê-las vivas.[21][22] No entanto, é claro que sem Rb, as células ciliadas têm a capacidade de proliferar, razão pela qual Rb é conhecido como um supressor de tumor. A desativação temporária e precisa de Rb em mamíferos adultos com células ciliadas danificadas pode levar à propagação e, por conseguinte, a uma regeneração bem sucedida. A supressão da função da proteína do retinoblastoma na cóclea de ratos adultos causou a proliferação de células de suporte e células ciliadas. A Rb pode ser desregulada através da ativação da via do sonic hedgehog, que fosforila as proteínas e reduz a transcrição dos genes.[23]

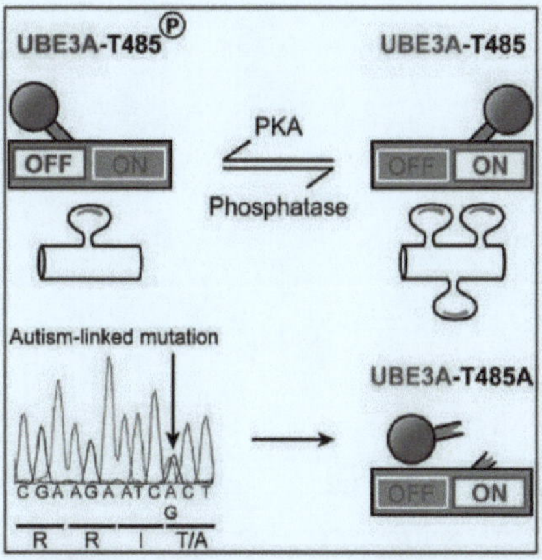

Neurónios

A interrupção da expressão de Rb in vitro, quer por deleção do gene, quer por knockdown do RNA de interferência curta de Rb, faz com que os dendritos se ramifiquem mais. Além disso, as células de Schwann, que fornecem um suporte essencial para a sobrevivência dos neurónios, viajam com as neurites, estendendo-se mais do que o normal. A inibição de Rb apoia o crescimento contínuo das células nervosas.[24]

Interações

Foi demonstrado que a proteína do retinoblastoma interage com:

- gene Abl[25][26]
- Recetor de androgénio[27][28]
- Fator de transcrição antagonista da apoptose[29][30]
- ARID4A[31]
- Recetor de hidrocarbonetos de arilo[32]
- BRCA1[33][34][35]
- BRF1[36][37]
- C-jun[38]
- C-Raf[39][40]
- CDK9[41]
- CUTL1[42]
- Ciclina A1[43]
- Ciclina D1[44][45]
- Ciclina T2[41]
- DNMT1[46]
- E2F1[47][48][49][50][51][52][53]
- E2F2,[54]
- E4F1[50]
- EID1[55][56]
- ENC1[57]
- FRK[58]
- HBP1[59]
- HDAC1[31][60][61][62][63][64][65]
- HDAC3[31][66]
- Histona desacetilase 2[31]
- Insulina[67]
- JARID1A[68][69]
- LIN9[70]
- MCM7[71]
- MORF4L1[48][72]
- MRFAP1,[48][72]
- MyoD[73][74]

- NCOA6[75]
- PA2G4[76]
- Recetor gama ativado por proliferador de peroxissoma[66]
- PIK3R3[77]
- Inibidor do ativador do plasminogénio-2[78]
- Polimerase (dirigida ao ADN), alfa 1[79]
- PRDM2[80]
- PRKRA[81]
- Proibição[40][82]
- Proteína da leucemia promielocítica[83]
- RBBP4[47][84]

RBBP7[35][84]

- RBBP8[60][85]
- RBBP9[86]
- SNAPC1[87]
- SKP2[88][89]
- SNAPC3[87]
- SNW1[90]
- SUV39H1[91][92]
- TAF1[44][93][94][95]
- THOC1[96]
- TRAP1[97]
- TRIP11[98]
- UBTF[99]
- USP4.[100]

Panorâmica das vias de transdução de sinal envolvidas na apoptose.

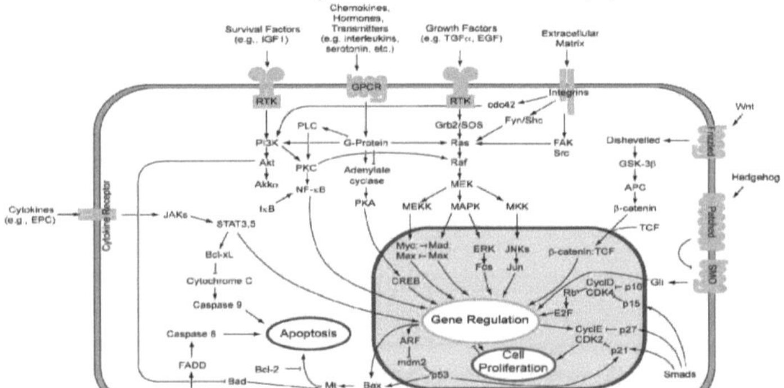

p53

A proteína tumoral p53, também conhecida como **p53**, **antigénio tumoral celular p53** (nome UniProt), **fosfoproteína p53**, **supressor tumoral p53**, **antigénio NY-CO-13** ou **proteína 53 relacionada com a transformação (TRP53)**, é qualquer isoforma de uma proteína codificada por genes homólogos em vários organismos, como *TP53* (humanos) e *Trp53* (ratos). Este homólogo (originalmente pensado e frequentemente referido como uma única proteína) é crucial em organismos multicelulares, onde previne a formação de cancro, funcionando assim como um supressor de tumores.[1] Como tal, a p53 foi descrita como "a guardiã do genoma" devido ao seu papel na conservação da estabilidade, impedindo a mutação do genoma.[2] Por conseguinte, *o TP53* é classificado como um gene supressor de tumores.[3][4][5][6][7] O nome **p53** foi dado em 1979, descrevendo a massa molecular aparente; a análise SDS-PAGE indica que se trata de uma proteína de 53 quilodalton (kDa). No entanto, a massa real da proteína p53 completa (p53a), com base na soma das massas dos resíduos de aminoácidos, é de apenas 43,7 kDa. Esta diferença deve-se ao elevado número de resíduos de prolina na proteína, que retardam a sua migração no SDS-PAGE, fazendo com que pareça mais pesada do que é na realidade.[8] Para além da proteína de comprimento total, o gene humano

TP53 codifica pelo menos 15 isoformas proteicas, com tamanhos que variam entre 3,5 e 43,7 kDa. Todas estas proteínas p53 são designadas **por isoformas p53**.[1] O International Cancer Genome Consortium estabeleceu que o gene TP53 é o gene mais frequentemente mutado (>50%) no cancro humano, o que indica que o gene *TP53* desempenha um papel crucial na prevenção da formação do cancro.[1] O gene TP53 codifica proteínas que se ligam ao ADN e regulam a expressão genética para evitar mutações no genoma.[9]

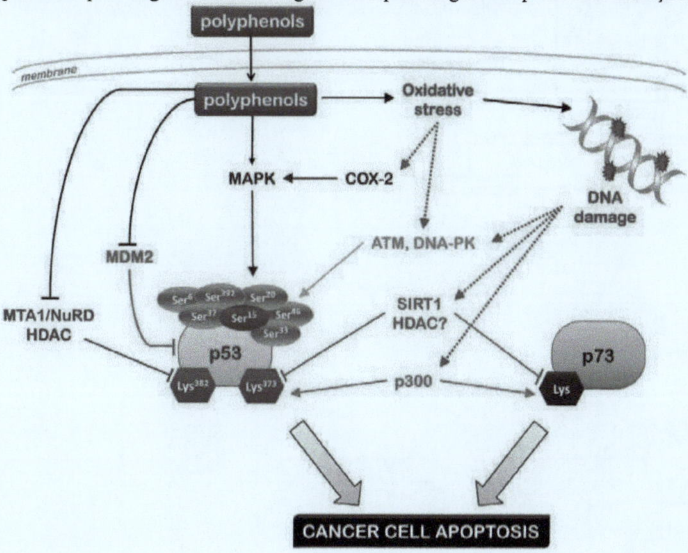

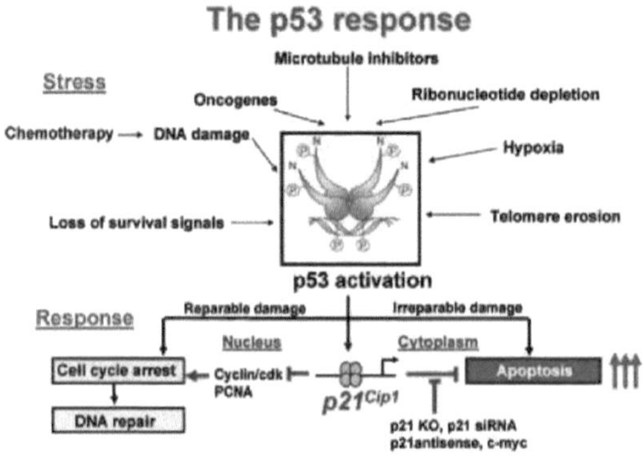

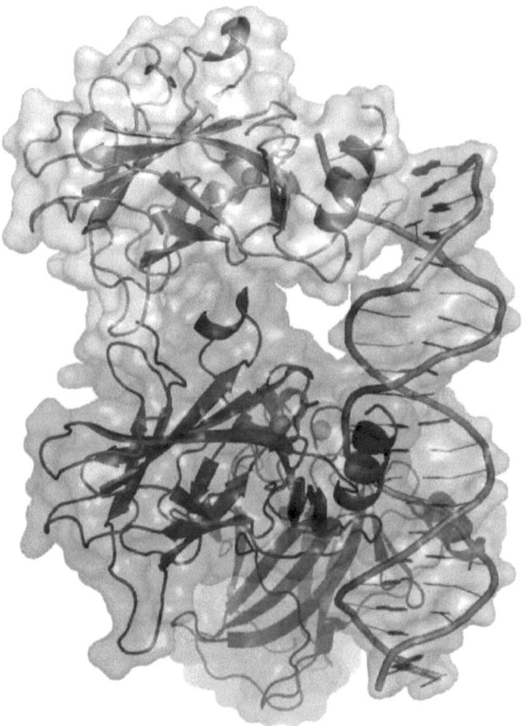

Identificadores

Pseudónimos	TP53, entrez:7157, BCC7, LFS1, P53, TRP53
IDs externos	OMIM: 191170 MGI: 98834 HomoloGene: 460

Pseudónimos	TP53, entrez:7157, BCC7, LFS1, P53, TRP53
	GeneCards: 7157
Padrão de expressão do ARN	

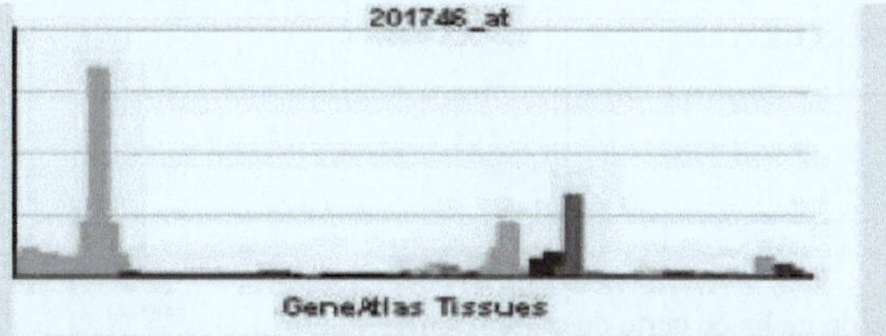

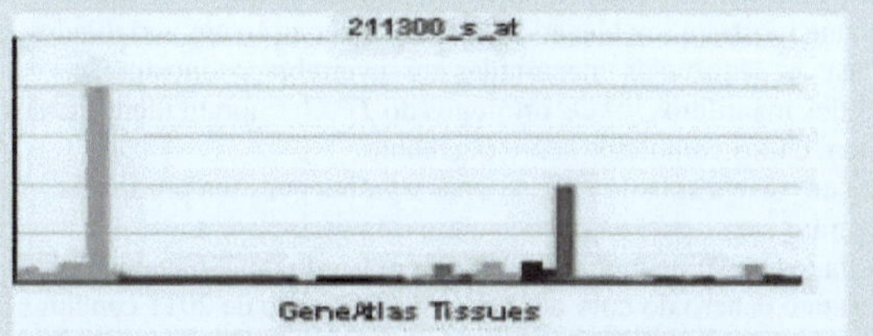

Mais dados de expressão de referência

Ortólogos		
Espécies	**Humano**	**Rato**
Entrez	7157	22059
Ensembl	ENSG00000141510	ENSMUSG00000059552
UniProt	n/a	n/a
	[mostrar]NM 001276761	
RefSeq (mRNA)	**NM 000546**	NM 001127233
	NM 001126112	NM 011640

	NM 001126113	XM 006533157
	NM 001126114	
RefSeq (proteína)	n/a	n/a
Localização (UCSC)	Chr 17: 7.66 -7.69 Mb	Chr 11: 69.58 -69.59 Mb
Pesquisa PubMed	[1]	[2]

Gene

Nos seres humanos, o gene *TP53* está localizado no braço curto do cromossoma 17 (17p13.1).[3][4][5][6] O gene estende-se por 20 kb, com um exão 1 não codificante e um primeiro intrão muito longo de 10 kb. A sequência codificadora contém cinco regiões que mostram um elevado grau de conservação em vertebrados, predominantemente nos exões 2, 5, 6, 7 e 8, mas as sequências encontradas em invertebrados mostram apenas uma semelhança distante com o TP53 dos mamíferos.[10] Os ortólogos do *TP53*[11] foram identificados na maioria dos mamíferos para os quais existem dados completos sobre o genoma.

Nos seres humanos, um polimorfismo comum envolve a substituição de uma arginina por uma prolina na posição 72 do códão. Muitos estudos investigaram uma ligação genética entre esta variação e a suscetibilidade ao cancro; no entanto, os resultados têm sido controversos. Por exemplo, uma meta-análise de 2009 não conseguiu mostrar uma ligação para o cancro do colo do útero.[12] Um estudo de 2011 concluiu que a mutação de prolina *do TP53* tinha um efeito profundo no risco de cancro do pâncreas nos homens.[13] Um estudo com mulheres árabes concluiu que a homozigotia de prolina no códão 72 do *TP53* está associada a uma diminuição do risco de cancro da mama.[14] Um estudo sugeriu que os polimorfismos *do TP53* códão 72, MDM2 SNP309 e A2164G podem estar coletivamente associados à suscetibilidade ao cancro não orofaríngeo e que o MDM2 SNP309 em combinação com o *TP53* códão 72 pode acelerar o desenvolvimento do cancro não orofaríngeo nas mulheres.[15] Um estudo de 2011 concluiu que o polimorfismo do códão 72 do gene *TP53* estava associado a um risco acrescido de cancro do pulmão.[16]

Meta-análises de 2011 não encontraram associações significativas entre os polimorfismos do códão 72 do *TP53* e o risco de cancro colorrectal[17] e o risco de cancro do endométrio.[18] Um estudo de 2011 de uma coorte de nascimentos brasileira encontrou uma associação entre o *TP53* não mutante arginina e indivíduos sem história familiar de cancro.[19] Outro estudo de 2011 concluiu que o genótipo homozigótico (Pro/Pro) do p53 estava associado a um risco significativamente maior de carcinoma das células renais.[20] (*O itálico* é usado para denotar o nome do gene *TP53* e distingui-lo da proteína que ele codifica).

Estrutura

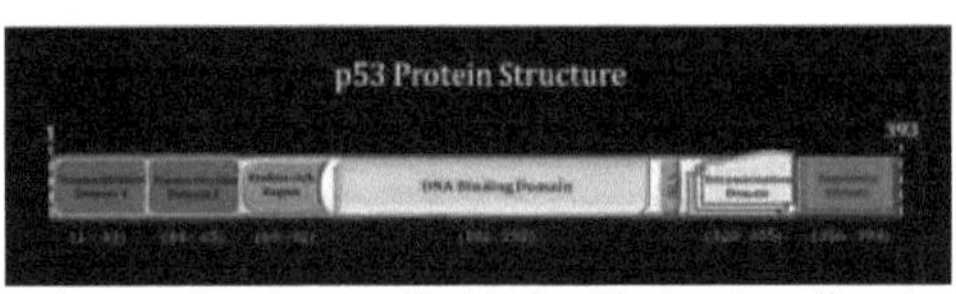

Esquema dos domínios proteicos conhecidos da p53. (NLS = Sinal de Localização Nuclear).

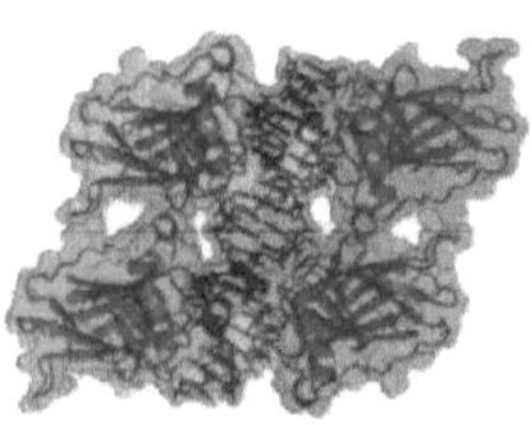

Estrutura cristalina de quatro domínios de ligação ao ADN do p53 (tal como se encontram no homotetrâmero bioativo):

1. um domínio ácido de ativação da transcrição (TAD) no N-terminal, também conhecido como domínio de ativação 1 (AD1), que ativa os factores de transcrição: resíduos 1-42. O N-terminal contém dois domínios complementares de ativação da transcrição, com um maior nos resíduos 1-42 e um menor nos resíduos 55-75, especificamente envolvidos na regulação de vários genes pró-apoptóticos[21].
2. domínio de ativação 2 (AD2) importante para a atividade apoptótica: resíduos 43-63.
3. Domínio rico em prolina importante para a atividade apoptótica do p53 por exportação nuclear via MAPK: resíduos 64-92.
4. domínio central do núcleo de ligação ao ADN (DBD). Contém um átomo de zinco e vários aminoácidos arginina: resíduos 102-292. Esta região é responsável pela ligação do co-repressor p53 LMO3[22].
5. domínio de sinalização de localização nuclear, resíduos 316-325.
6. domínio de homo-oligomerização (OD): resíduos 307-355. A tetramerização é essencial para a atividade do p53 *in vivo*.
7. C-terminal envolvido na regulação negativa da ligação ao ADN do domínio central: resíduos 356-393[23].

Foi identificado um tandem de domínios de transactivação de nove aminoácidos (9aaTAD) nas regiões AD1 e AD2 do fator de transcrição p53.[24] As mutações KO e a posição para a interação do p53 com o TFIID são enumeradas a seguir:[25]

9aa TAD		p53 TADI		p53 TADp..		p53 TADII
		D .F.. .F..		D .F.. .F..		D .F.. .F..
KO mutation		QS				QS
p53_MOUSE	MEESQSDISLELPLSQ	E TFSG LWKL	LPPEDILPSP	H CMDD LLLP		Q DVEE FFEG
p53_RAT	MEDSQSDMSIELPLSQ	E TFSC LWKL	LPPDDILPTTATGSP	N SMED LFLP		Q DVAE LLEG
p53_MERUN	MEEPQSDLSIEPPLSQ	E TFSD LWKL	LPPKNLLSAL	E PMED LLLP		Q DVTS WLGD
p53_CRIGR	MEEPQSDLSIELPLSQ	E TFSD LWKL	LPPNNVLSTLPSS	D SIEE LFLS		E HVTG WLED
p53_BOVIN	MEESQAELNVEPPLSQ	E TFSD LWNL	LPENNLLSSELS	A PVDD LLPY		T DVAT WLDE
p53_DELLE	MEESQAELGVEPPLSQ	E TFSD LWKL	LPENNLLSSELS	P AVDD LLLS	P	E DVAN WLDE
p53_MARMO	MEEAQSDLSIEPPLSQ	E TFSD LWNL	LPENNVLSPVLS	P PMDD LLLS	S	E DVEN WFDK
p53_CANFA	MEESQSELNIDPPLSQ	E TFSE LWNL	LPENNVLSSELC	P AVDE LLLP		E SVVN WLDE
p53_CAVPO	MEEPHSDLSIEPPLSQ	E TFSD LWKL	LPENNVLSDSLS	P PMDH LLLS	P	E EVAS WLGE
p53_CERAE	MEEPQSDPSIEPPLSQ	E TFSD LWKL	LPENNVLSPLPS	Q AVDD LMLS	P	D DLAQ WLTE
p53_HUMAN	MEEPQSDPSVEPPLSQ	E TFSD LWKL	LPENNVLSPLPS	Q AMDD LMLS	P	D DIEQ WFTE
TAF9 binding	SVEPPLSQ	E TFSD LWKL	LPE			
KIX (p300) binding	LSQ	E TFSD LWKL	LPE	Q AMDD LMLS	P	D DIEQ WFTE DPGPD
TAZ (p300) binding	SQ	E TFSD LWKL	LPEN			

Os 9aaTADs medeiam a interação do p53 com coactivadores gerais - TAF9, CBP/p300 (os quatro domínios KIX, TAZ1, TAZ2 e IBiD), GCN5 e PC4, a proteína reguladora MDM2 e a proteína de replicação A (RPA).[26][27]

Interaction	Experiment	p53-TAD Peptide
Annotated p53-9aaTAD1		E TFSD LWKL
Annotated p53-9aaTAD2		D DIEQ WFTE
TAF9 with p53-TAD1	NMR	SVEPPLSQ E TFSD LWKL
p53 KO mutant to interaction with TAF9	NMR	A A
KIX (CBP) with p53-TAD1	NMR	LSQ E TFSD LWKL LPE
KIX (CBP) with p53-TAD2	NMR	QAMDDLMLSP D DIEQ WFTE DPGPD
KIX,TAZ1, TAZ2 and IBiD (p300) with p53-TAD1	NMR	SQ E TFSD LWKL LPEN
p53 KO mutant to KIX,TAZ1, TAZ2, IBiD and GCN5	NMR	QS
GCN5 with p53-TAD2	CoIP	DDLMLSP D DIEQ WFTE DPGPDEAPRMPEAAPRV
PC4 with p53-TAD2	NMR	LPSQAMDDLMLSP D DIEQ WFTE D
MDM2 with p53-TAD1	NMR	SQ E TFSD LWKL LPEN
RPA with p53-TAD2	NMR	LPSQAMDDLMLSP D DIEQ WFTE D

As mutações que desactivam a p53 no cancro ocorrem geralmente no DBD. A maioria destas mutações destrói a capacidade da proteína para se ligar às suas sequências de ADN alvo, impedindo assim a ativação transcricional destes genes. Como tal, as mutações no DBD são mutações recessivas de perda de função. As moléculas de p53 com mutações no OD dimerizam com a p53 de tipo selvagem, impedindo-as de ativar a transcrição. Por conseguinte, as mutações OD têm um efeito negativo dominante sobre a função do p53.

A p53 do tipo selvagem é uma proteína lábil, composta por regiões dobradas e não estruturadas que funcionam de forma sinérgica.[28]

Função

O p53 tem muitos mecanismos de função anticancerígena e desempenha um papel na apoptose, na estabilidade genómica e na inibição da angiogénese. No seu papel anti-cancerígeno, o p53 actua através de vários mecanismos:

- Pode ativar as proteínas de reparação do ADN quando este sofre danos. Assim, pode ser um fator importante no envelhecimento.[29]
- Pode travar o crescimento ao manter o ciclo celular no ponto de regulação G1/S no reconhecimento de danos no ADN (se mantiver a célula aqui durante tempo suficiente, as proteínas de reparação do ADN terão tempo para reparar os danos e a célula poderá continuar o ciclo celular).
- Pode iniciar a apoptose (ou seja, a morte celular programada) se os danos no ADN se revelarem irreparáveis.

A via do p53: Numa célula normal, o p53 é inactivado pelo seu regulador negativo, mdm2. Em caso de danos no ADN ou outras situações de stress, várias vias conduzem à dissociação do complexo p53 e mdm2. Uma vez ativado, o p53 induz uma paragem do ciclo celular para permitir a reparação e a sobrevivência da célula ou a apoptose para eliminar a célula danificada. A forma como o p53 faz esta escolha é atualmente desconhecida.

A p53 activada liga-se ao ADN e ativa a expressão de vários genes, incluindo o microRNA miR-34a,[30] WAF1/CIP1 que codifica a p21 e centenas de outros genes a jusante. A p21 (WAF1) liga-se aos complexos G1-S/CDK (CDK4/CDK6, CDK2 e CDK1) (moléculas importantes para a transição G1/S no ciclo celular) inibindo a sua atividade.

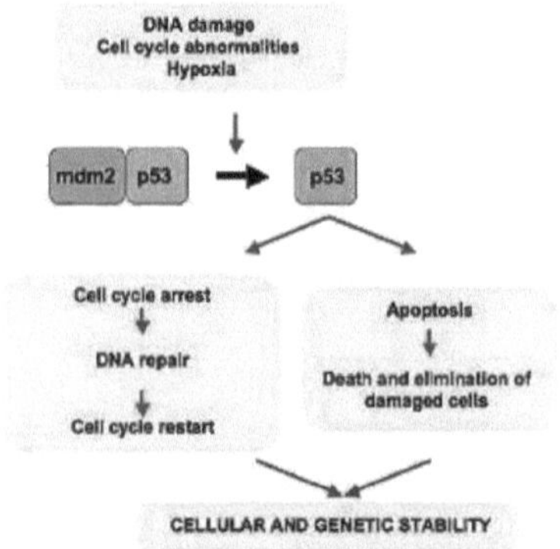

Quando a p21(WAF1) está complexada com a CDK2, a célula não pode continuar para a fase seguinte da divisão celular. Um p53 mutante deixará de se ligar ao ADN de forma eficaz e, consequentemente, a proteína p21 não estará disponível para atuar como "sinal de paragem" da divisão celular.[31] Os estudos de células estaminais embrionárias humanas (hESC) descrevem habitualmente o eixo p53-p21 não funcional da via do ponto de verificação G1/S, com a subsequente relevância para a regulação do ciclo celular e a resposta aos danos no ADN (DDR). É importante notar que o mRNA da p21 está claramente presente e é regulado positivamente após a DDR em hESCs, mas a proteína p21 não é detetável. Neste tipo de células, o p53 ativa numerosos microRNAs (como miR-302a, miR-302b, miR-302c e miR-302d) que inibem diretamente a expressão de p21 nas hESCs.[32]

Investigações recentes estabeleceram também uma ligação entre as vias p53 e RB1, através da p14ARF, levantando a possibilidade de as vias se poderem regular mutuamente.[33]

O p53, ao regular o LIF, demonstrou facilitar a implantação no modelo do rato e, possivelmente, nos seres humanos.[34]

A expressão de p53 pode ser estimulada pela luz UV, que também causa danos no ADN. Neste caso, o p53 pode iniciar eventos que levam ao bronzeamento.[35][36]

Regulamento

O p53 é ativado em resposta a uma miríade de factores de stress, incluindo, entre outros, danos no ADN (induzidos por UV, IR ou agentes químicos como o peróxido de hidrogénio), stress oxidativo,[37] choque osmótico, depleção de ribonucleótidos e expressão desregulada de oncogenes. Esta ativação é marcada por dois eventos principais. Em primeiro lugar, a meia-vida da proteína p53 aumenta drasticamente, o que leva a uma rápida acumulação de p53 nas células stressadas. Em segundo lugar, uma alteração conformacional força a p53 a ser activada como regulador da transcrição nestas células. O evento crítico que leva à ativação da p53 é a fosforilação do seu domínio N-terminal. O domínio de ativação transcricional N-terminal contém um grande número de locais de fosforilação e pode ser considerado como o principal alvo das proteínas cinases que transduzem sinais de stress.

As proteínas cinases que se sabe terem como alvo este domínio de ativação transcricional do p53 podem ser divididas, grosso modo, em dois grupos. Um primeiro grupo de proteínas cinases pertence à família MAPK (JNK1-3, ERK1-2, p38 MAPK), que é conhecida por responder a vários tipos de stress, tais como danos nas membranas, stress oxidativo, choque osmótico, choque térmico, etc. Um segundo grupo de proteínas cinases (ATR, ATM, CHK1 e CHK2, DNA-PK, CAK, TP53RK) está implicado no ponto de controlo da integridade do genoma, uma cascata molecular que detecta e responde a várias formas de danos no ADN causados por stress genotóxico. Os oncogenes também estimulam a ativação do p53, mediada pela proteína p14ARF.

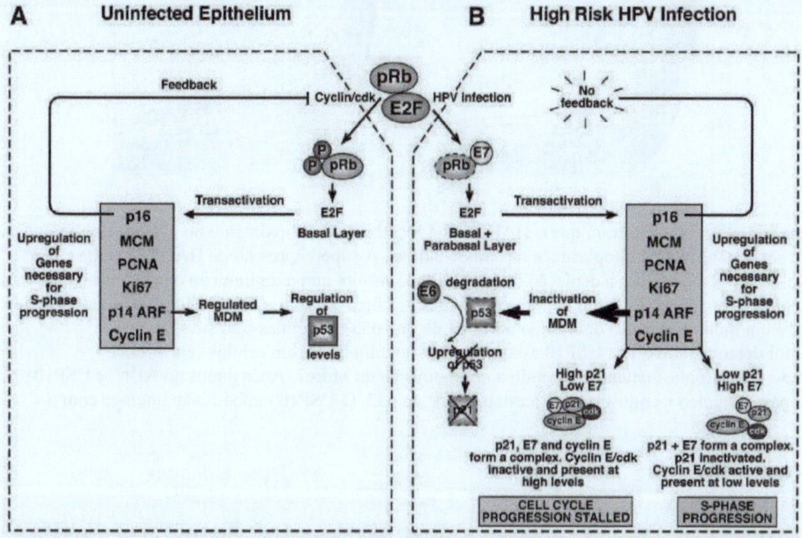

Nas células sem stress, os níveis de p53 são mantidos baixos através de uma degradação contínua da p53. Uma proteína chamada Mdm2 (também chamada HDM2 nos humanos) liga-se à p53, impedindo a sua ação e transportando-a do núcleo para o citosol. Além disso, Mdm2 actua como ubiquitina ligase e liga covalentemente a ubiquitina à p53, marcando assim a p53 para degradação pelo proteassoma. No entanto, a ubiquitinação do p53 é reversível.

A nova molécula MI-63 liga-se ao MDM2, tornando a ação do p53 novamente possível em situações em que a função do p53 foi inibida. [38]

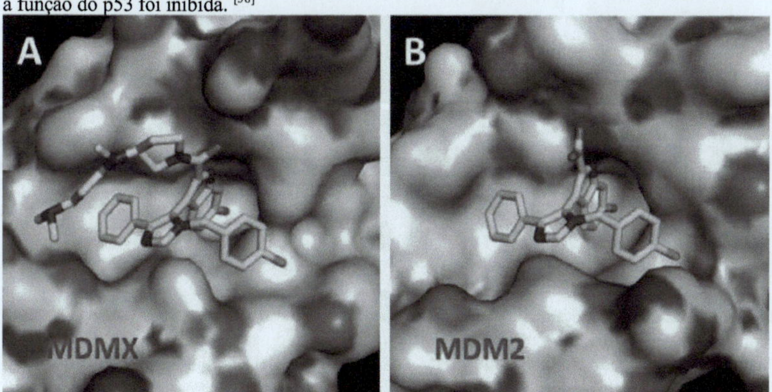

Uma protease específica da ubiquitina, a USP7 (ou HAUSP), pode clivar a ubiquitina da p53, protegendo-a assim da degradação dependente do proteassoma. Este é um dos meios pelos quais o p53 é estabilizado em resposta a insultos oncogénicos. Foi também demonstrado que a USP42 desubiquitina o p53 e pode ser necessária para a capacidade do p53 de responder ao stress.[39]

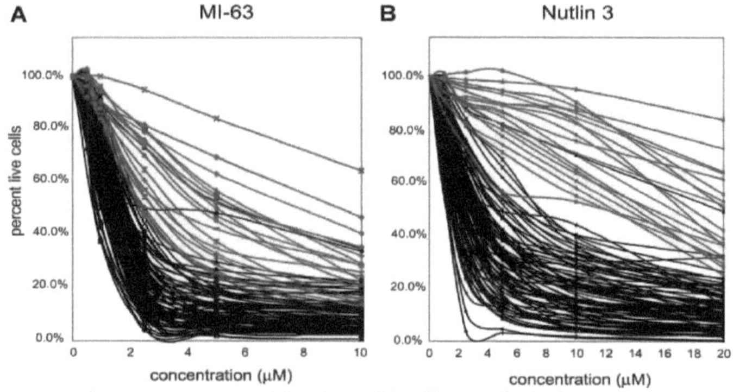

Investigações recentes demonstraram que o HAUSP está localizado principalmente no núcleo, embora uma fração possa ser encontrada no citoplasma e nas mitocôndrias. A superexpressão de HAUSP resulta na estabilização de p53. No entanto, a depleção de HAUSP não resulta numa diminuição dos níveis de p53, mas antes aumenta os níveis de p53 devido ao facto de HAUSP se ligar e desubiquitinar Mdm2. Foi demonstrado que HAUSP é um melhor parceiro de ligação a Mdm2 do que p53 em células sem stress.

No entanto, foi demonstrado que a USP10 está localizada no citoplasma em células sem stress e desubiquitina a p53 citoplasmática, revertendo a ubiquitinação da Mdm2. Após danos no ADN, a USP10 transloca-se para o núcleo e contribui para a estabilidade do p53. O USP10 também não interage com o Mdm2.[40]

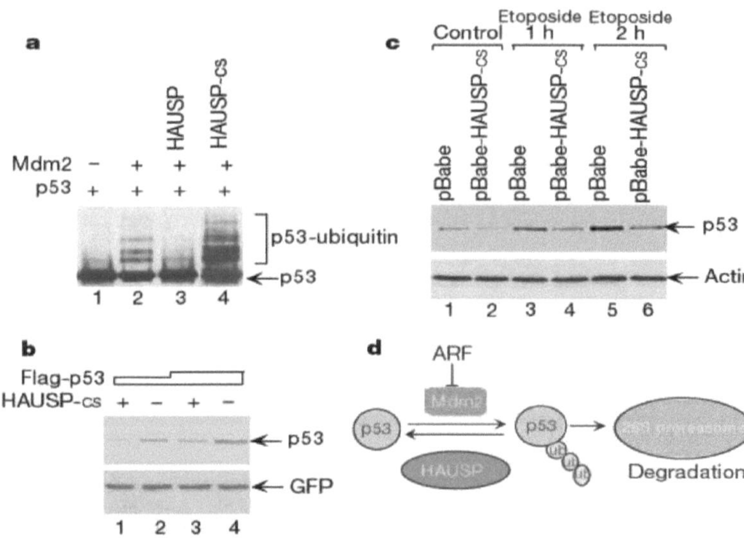

A fosforilação da extremidade N-terminal da p53 pelas proteínas cinases acima referidas perturba a ligação a Mdm2. Outras proteínas, como a Pin1, são então recrutadas para a p53 e induzem uma alteração conformacional na p53, o que impede ainda mais a ligação a Mdm2. A fosforilação também permite a ligação de coactivadores da transcrição, como o p300 e o PCAF, que acetilam a extremidade carboxi-terminal do p53, expondo o domínio de ligação ao ADN do p53, permitindo-lhe ativar ou reprimir genes específicos. As enzimas desacetilases, como a Sirt1 e a Sirt7, podem desacetilar o p53, conduzindo a uma inibição da apoptose.[41] Alguns oncogenes podem também estimular a transcrição de proteínas que se ligam ao MDM2 e inibem a sua atividade.

Análise experimental das mutações do p53

A maioria das mutações do p53 é detectada por sequenciação do ADN. No entanto, sabe-se que as mutações de sentido único podem ter um amplo espetro de efeitos funcionais, desde os mais ligeiros aos mais graves.[49]

O amplo espetro de fenótipos de cancro devido a mutações no gene *TP53* é também apoiado pelo facto de diferentes isoformas da proteína p53 terem diferentes mecanismos celulares de prevenção contra o cancro. As mutações no *gene TP53* podem dar origem a diferentes isoformas, impedindo a sua funcionalidade global em diferentes mecanismos celulares e alargando assim o fenótipo do cancro de ligeiro para grave. Estudos recentes demonstram que as isoformas da p53 são expressas de forma diferente em diferentes tecidos humanos e que as mutações de perda ou ganho de função nas isoformas podem causar cancro específico do tecido ou proporcionar um potencial de células estaminais cancerígenas em diferentes tecidos.[7][50][51][52]

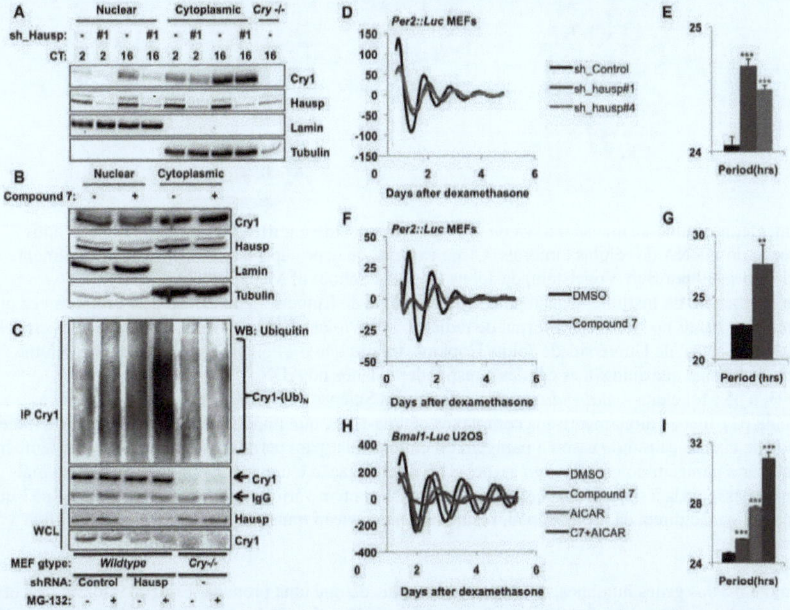

A dinâmica das proteínas p53, juntamente com o seu antagonista Mdm2, indica que os níveis de p53, em unidades de concentração, oscilam em função do tempo. Esta oscilação "amortecida" é documentada clinicamente[53] e modelada matematicamente.[54][55] Os modelos matemáticos também indicam que a concentração de p53 oscila muito mais rapidamente quando são introduzidos no sistema teratogénicos, tais como quebras de cadeia dupla (DSB) ou radiação UV. Isto apoia e modela a compreensão atual da dinâmica do p53, em que os danos no ADN induzem a ativação do p53 (ver regulação do p53 para mais informações). Os modelos actuais também podem ser úteis para modelar as mutações nas isoformas do p53 e os seus efeitos na oscilação do p53, promovendo assim a descoberta de *novos* medicamentos farmacológicos específicos para cada tecido.

Descoberta

O p53 foi identificado em 1979 por Lionel Crawford, David P. Lane, Arnold Levine e Lloyd Old, trabalhando no Imperial Cancer Research Fund (Reino Unido), na Princeton University/UMDNJ (Cancer Institute of New Jersey) e no Memorial Sloan-Kettering Cancer Center, respetivamente. Independentemente, por Michel Kress e Pierre May, José A. Melero e Varda Rotter. A hipótese da sua existência tinha sido formulada anteriormente como alvo do vírus SV40, uma estirpe que induzia o desenvolvimento de tumores. O gene *TP53* do rato foi clonado pela primeira vez por Peter Chumakov da Academia Russa de Ciências em 1982,[56] e independentemente em 1983 por Moshe Oren em colaboração com David Givol (Instituto Weizmann de Ciências).[57][58] O gene humano *TP53* foi clonado em 1984[3] e o clone completo em 1985.[59]

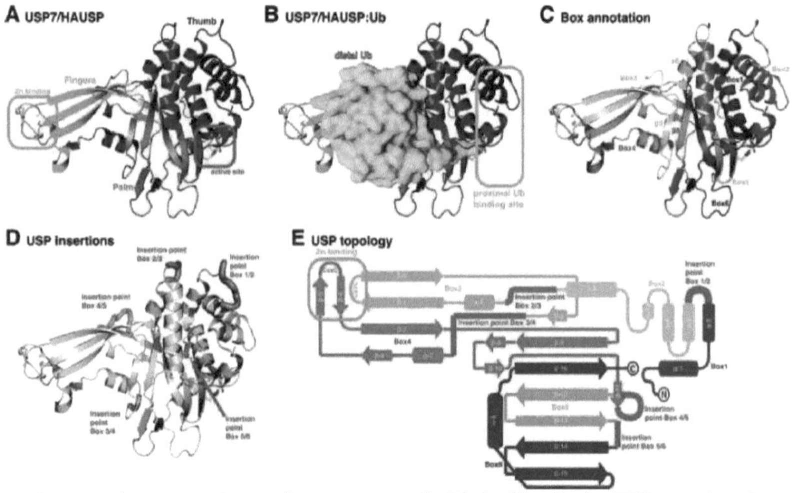

Inicialmente, presumiu-se que se tratava de um oncogene devido à utilização de cDNA mutado após a purificação do mRNA de células tumorais. O seu carácter de gene supressor de tumores foi finalmente revelado em 1989 por Bert Vogelstein, da Johns Hopkins School of Medicine.[60]

Warren Maltzman, do Instituto Waksman da Universidade de Rutgers, demonstrou pela primeira vez que o TP53 reagia a danos no ADN sob a forma de radiação ultravioleta.[61] Numa série de publicações em 1991-92, Michael Kastan, da Universidade Johns Hopkins, referiu que o TP53 era uma parte crítica de uma via de transdução de sinal que ajudava as células a responder a danos no ADN.[62]

Em 1993, a p53 foi eleita *a molécula do ano pela* revista Science.[63]

A proteína p21 liga-se diretamente aos complexos ciclina-CDK que impulsionam o ciclo celular e inibe a sua atividade de cinase, causando assim a paragem do ciclo celular para permitir a reparação. A p21 também pode mediar a paragem do crescimento associada à diferenciação e uma paragem do crescimento mais permanente associada à senescência celular. O gene p21 contém vários elementos de resposta ao p53 que medeiam a ligação direta da proteína p53, resultando na ativação transcricional do gene que codifica a proteína p21.

Isoformas

Tal como 95% dos genes humanos, o TP53 codifica mais do que uma proteína. Em 2005, foram descobertas várias isoformas e, até à data, foram identificadas 12 isoformas da p53 humana (p53a, p53p, p53Y, A40p53a, A40p53p, A40p53Y, A133p53a, A133p53p, A133p53Y, A160p53a, A160p53p, A160p53Y). Além disso, as isoformas de p53 são expressas de forma dependente do tecido e a p53a nunca é expressa isoladamente.[7]

As proteínas de comprimento total da isoforma p53 podem ser subdivididas em diferentes domínios proteicos. A partir do N-terminal, existem primeiro os domínios de transactivação amino-terminais (TAD 1, TAD 2), que são necessários para induzir um subconjunto de genes alvo da p53. Este domínio é seguido pelo domínio rico em prolina (PXXP), em que o motivo PXXP é repetido (P é uma prolina e X pode ser qualquer aminoácido). É necessário, entre outros, para a apoptose mediada por p53.[64] Algumas isoformas não possuem o domínio rico em prolina, como a A133p530,Y e a A160p53a,P,Y; por conseguinte, algumas isoformas da p53 não medeiam a apoptose, o que realça a diversificação das funções do gene *TP53*.[65] Em seguida, existe o domínio de ligação ao ADN (DBD), que permite às proteínas uma ligação específica à sequência. O domínio terminal carboxílico completa a proteína. Inclui o sinal de localização nuclear (NLS), o sinal de exportação nuclear (NES) e o domínio de oligomerização (OD). O NLS e o NES são responsáveis pela regulação subcelular da p53. Através do OD, o p53 pode formar um tetrâmero e ligar-se ao ADN. Entre as isoformas, podem faltar alguns domínios, mas todas partilham a maior parte do domínio de ligação ao ADN altamente conservado.

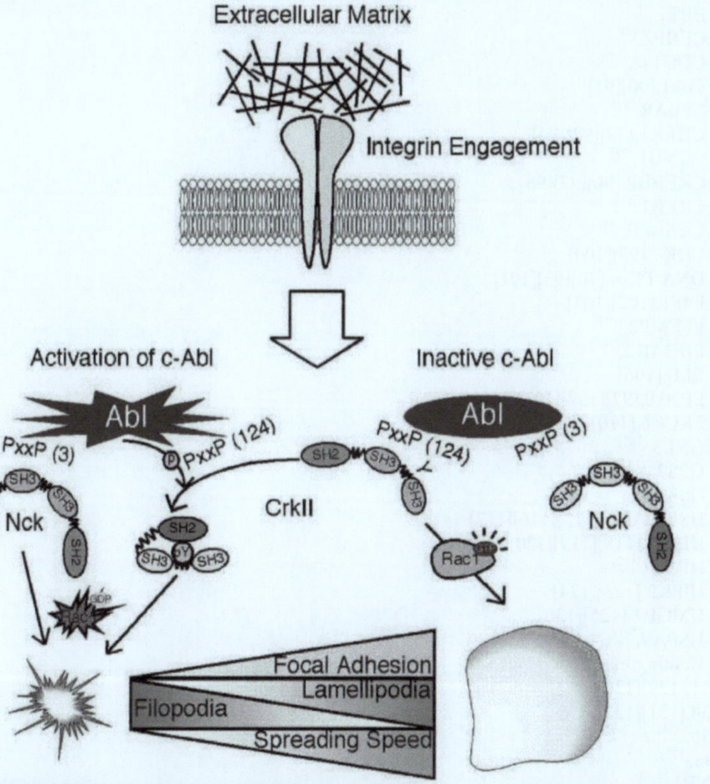

As isoformas são formadas por mecanismos diferentes. As isoformas beta e gama são geradas por splicing múltiplo do intrão 9, o que leva a um C-terminal diferente.

Além disso, a utilização de um promotor interno no intrão 4 origina as isoformas A133 e A160, que libertam o domínio TAD e uma parte do DBD. Além disso, o início alternativo da tradução no códão 40 ou 160 origina as isoformas A40p53 e A160p53.[7]

Devido à natureza isofórmica das proteínas p53, existem várias evidências que demonstram que as mutações no gene *TP53* que dão origem a isoformas mutadas são agentes causadores de vários fenótipos de cancro, de ligeiros a graves, devido a uma única mutação no gene *TP53* (consultar a secção Análise experimental das mutações do p53 para mais pormenores).

Interações

Foi demonstrado que o p53 interage com:

- AIMP2,[66]
- ANKRD2,[67]
- APTX,[68]
- ATM [69][70][71][72][73]
- ATR,,[69][70]
- ATF3,[74][75]
- AURKA,[76]
- BAK1,[77]
- BARD1,[78]
- BLM,[79][80][81][82]
- BRCA1,[78][83][84][85][86]
- BRCA2 ,[78][87]
- BRCC3,[78]

- BRE,[78]
- CEBPZ,[88]
- CDC14A,[89]
- Cdk1,[90][91]
- CFLAR,[92]
- CHEK1,[79][93][94]
- CCNG1,[95]
- CREBBP,[96][97][98]
- CREB1,[98]
- Ciclina H,[99]
- CDK7,[99][100]
- DNA-PKcs,[70][93][101]
- E4F1,[102][103]
- EFEMP2,[104]
- EIF2AK2,[105]
- ELL [106]
- EP30,0,[97][107][108][109]
- ERCC6,[110][111]
- GNL3,[112]
- GPS2,[113]
- GSK3B,[114]
- HSP90AA1,[115][116][117]
- HIF1A,[118][119][120][121]
- HIPK1,[122]
- HIPK2,[123][124]
- HMGB1,[125][126]
- HSPA9,[127]
- Huntingtina,[128]
- ING1,[129][130]
- ING4,[131][132]
- ING5,[131]
- 1κBa,[133]
- KPNB1,[115]
- LMO3,[22]
- Mdm2,[96][134][135][136]
- MDM4,[137][138]
- MED1,[139][140]
- MAPK9,[141][142]
- MNAT1,[100]
- NDN,[143]
- NCL,[144]
- NUMB,[145]
- NF-κB,[146]
- P16,[102][136][147]
- PARC,[148]
- PARP1,[68][149]
- PIAS1,[104][150]
- CDC14B,[89]
- PINO1,[151][152]
- PLAGL1,[153]
- PLK3,[154][155]
- PRKRA,[156]
- PHB,[157]
- PML,[134][158][159]
- PSME3,[160]
- PTEN,[135]
- PTK2,[161]

- PTTG1,[162]
- RAD51,[78][163][164]
- RCHY1,[165][166]
- RELA,[146]
- Reprimo
- RPA1,[167][168]
- RPL11,[147]
- S100B,[169]
- SUMO1,[170][171]
- SMARCA4,[172]
- SMARCB1,[172]
- SMN1,[173]
- STAT3,[146]
- TBP,[174][175]
- TFAP2A,[176]
- TFDP1,[177]
- TIGAR,[178]
- TOP1,[179][180]
- TOP2A,[181]
- TP53BP1,[79][182][183][184][185][186][187]
- TP53BP2,[187][188]

TOP2B,[181]

- TP53INP1,[189][190]
- TSG101,[191]
- UBE2A,[192]
- UBE2I [104][170][193][194]
- UBC,[6,6][160][171][195][196][197][198][199]
- USP7,[200]
- WRN,[82][201]
- WWOX,[202]
- XPB,[110]
- YBX1,[67][203]

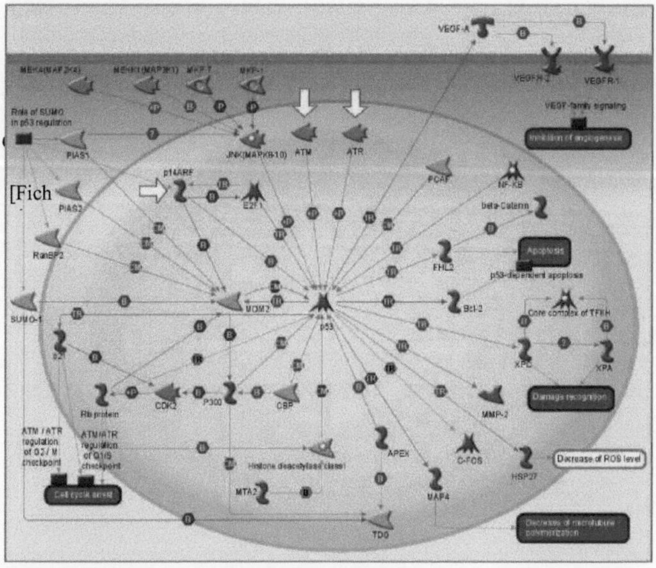

- YPEL3,[204]
- YWHAZ,[205]
- Zif268,[206] e
- ZNF148.[207]

Mapa interativo do percurso

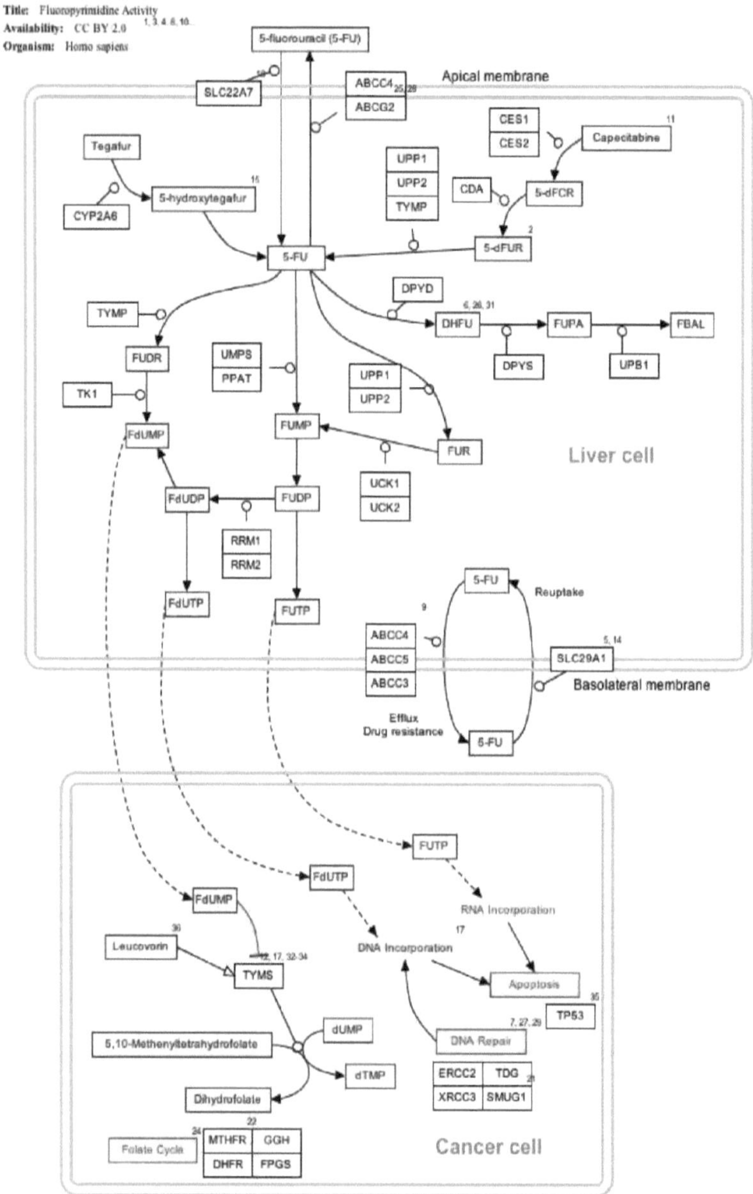

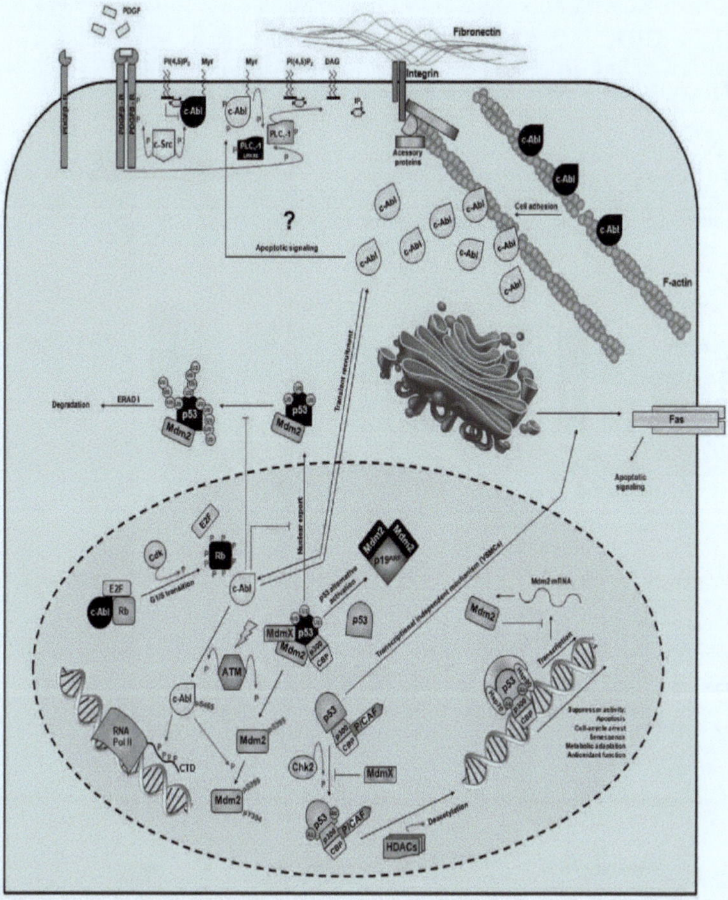

PDGF
Fibronectin
Integrin
c-Abl
c-Src
Acessory proteins
Cell adhesion
F-actin
?
Apoptotic signaling
Transient recruitment
Degradation
ERAD I
p53
Mdm2
Fas
Apoptotic signaling
Nuclear export
E2F
Cdk
Rb
G1/S transition
p53 alternative activation
Mdm2 mRNA
MdmX
ATM
RNA Pol II
CTD
PCAF
CBP
Chk2
HDACs
Deacetylation
Transcription
Suppressor activity
Apoptosis
Cell-cycle arrest
Senescence
Metabolic adaptation
Antioxidant function

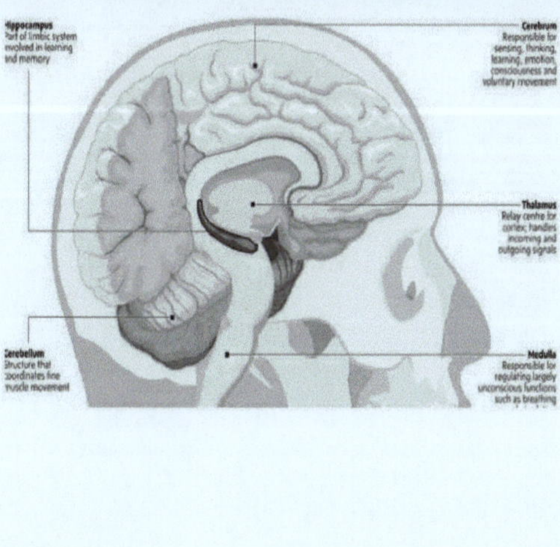

Cerebrum
Responsible for sensing, thinking, learning, emotion, consciousness and voluntary movement
Thalamus
Relay centre for cortex; handles incoming and outgoing signals
Medulla
Responsible for regulating largely unconscious functions such as breathing

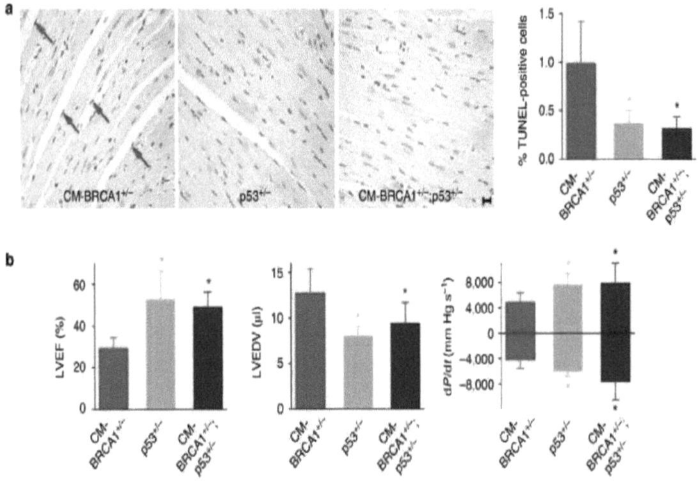
a
CM-BRCA1+/−
p53+/−
CM-BRCA1+/−;p53+/−
% TUNEL-positive cells
1.5
1.0
0.5
0.0
b
LVEF (%)
60
40
20
0
LVEDV (μl)
15
10
5
0
dP/dt (mm Hg s−1)
8,000
4,000
0
−4,000
−8,000
CM-BRCA1+/−
p53+/−
CM-BRCA1+/−; p53+/−

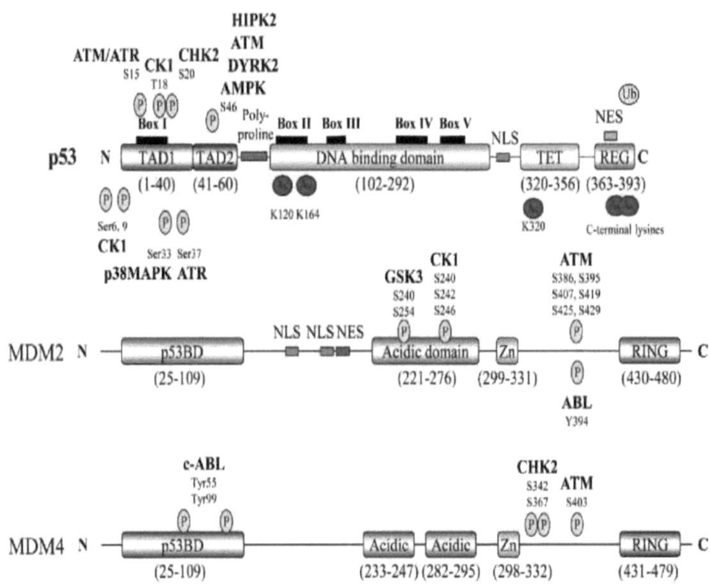
HIPK2
ATM
DYRK2
AMPK
ATM/ATR
S15
CK1
T18
CHK2
S20
S46
Poly-proline
Box I
Box II
Box III
Box IV
Box V
NES
NLS
p53
N
TAD1
TAD2
DNA binding domain
TET
REG
C
(1-40)
(41-60)
(102-292)
(320-356)
(363-393)
Ser6, 9
CK1
Ser33
Ser37
p38MAPK
ATR
K120
K164
K320
C-terminal lysines
GSK3
S240
S254
CK1
S240
S242
S246
ATM
S386, S395
S407, S419
S425, S429
MDM2
N
p53BD
NLS
NLS
NES
Acidic domain
Zn
RING
C
(25-109)
(221-276)
(299-331)
(430-480)
ABL
Y394
c-ABL
Tyr55
Tyr99
CHK2
S342
S367
ATM
S403
MDM4
N
p53BD
Acidic
Acidic
Zn
RING
C
(25-109)
(233-247)
(282-295)
(298-332)
(431-479)

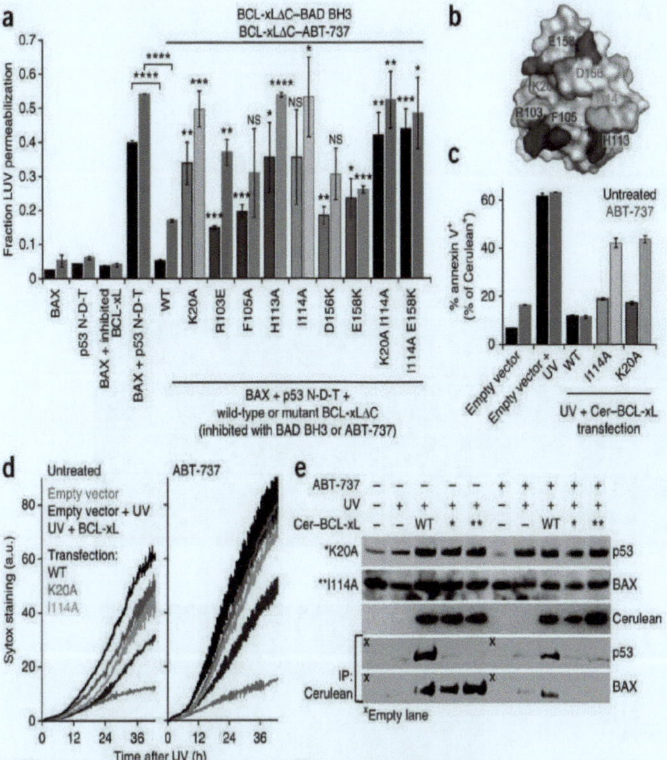
a
BCL-xLΔC–BAD BH3
BCL-xLΔC–ABT-737
Fraction LUV permeabilization
BAX
p53 N-D-T
BAX + inhibited BCL-xL
BAX + p53 N-D-T
WT
K20A
R103E
F105A
H113A
I114A
D156K
E158K
K20A I114A
I114A E158K
BAX + p53 N-D-T +
wild-type or mutant BCL-xLΔC
(inhibited with BAD BH3 or ABT-737)
b
E158
D156
K20
R103
F105
H113
c
% annexin V+
(% of Cerulean+)
Untreated
ABT-737
Empty vector
Empty vector + UV
WT
I114A
K20A
UV + Cer–BCL-xL
transfection
d
Untreated
ABT-737
Empty vector
Empty vector + UV
UV + BCL-xL
Transfection:
WT
K20A
I114A
Sytox staining (a.u.)
Time after UV (h)
e
ABT-737
UV
Cer–BCL-xL
*K20A
**I114A
p53
BAX
Cerulean
IP:
Cerulean
xEmpty lane

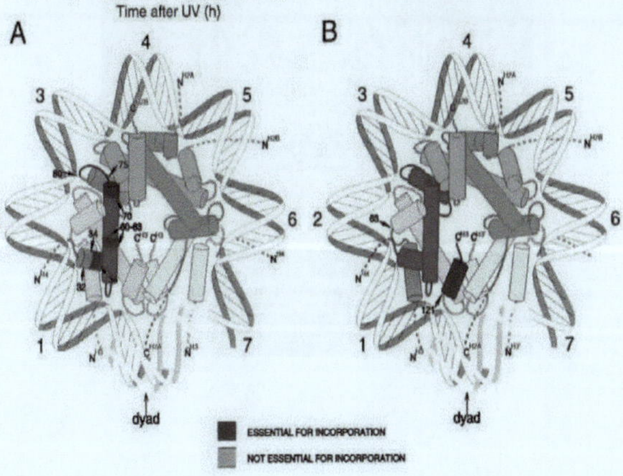
A
B
dyad
dyad
ESSENTIAL FOR INCORPORATION
NOT ESSENTIAL FOR INCORPORATION

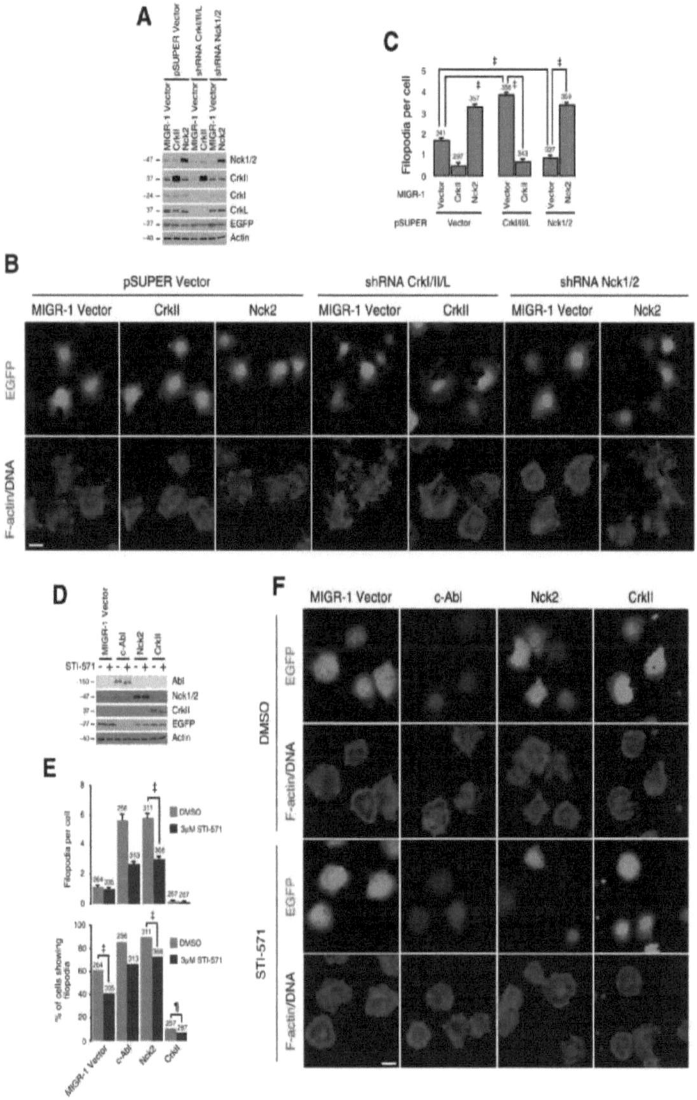

A
MIGR-1 Vector
CrkII
Nck2
MIGR-1 Vector
CrkII
MIGR-1 Vector
Nck2
pSUPER Vector
shRNA CrkI/II/L
shRNA Nck1/2
Nck1/2
CrkII
CrkI
CrkL
EGFP
Actin
C
Filopodia per cell
MIGR-1
Vector
CrkII
Nck2
Vector
CrkII
Vector
Nck2
pSUPER
Vector
CrkI/II/L
Nck1/2
B
pSUPER Vector
shRNA CrkI/II/L
shRNA Nck1/2
MIGR-1 Vector
CrkII
Nck2
MIGR-1 Vector
CrkII
MIGR-1 Vector
Nck2
EGFP
F-actin/DNA
D
MIGR-1 Vector
c-Abl
Nck2
CrkII
STI-571
Abl
Nck1/2
CrkII
EGFP
Actin
E
Filopodia per cell
DMSO
3μM STI-571
% of cells showing filopodia
DMSO
3μM STI-571
MIGR-1 Vector
c-Abl
Nck2
CrkII
F
MIGR-1 Vector
c-Abl
Nck2
CrkII
DMSO
STI-571
EGFP
F-actin/DNA
EGFP
F-actin/DNA

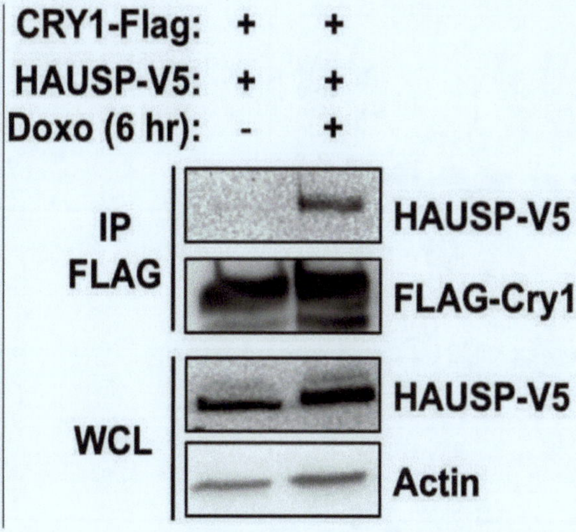
CRY1-Flag: + +
HAUSP-V5: + +
Doxo (6 hr): - +
IP
FLAG
HAUSP-V5
FLAG-Cry1
WCL
HAUSP-V5
Actin

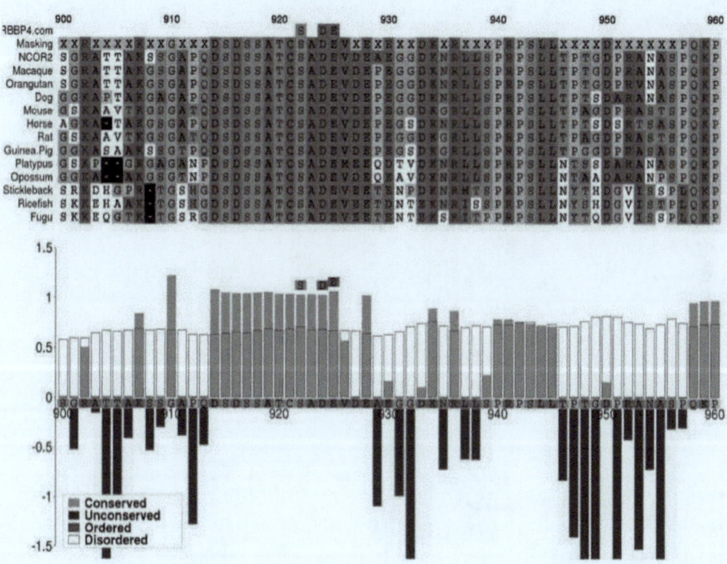
RBBP4.com
Masking
NCOR2
Macaque
Orangutan
Dog
Mouse
Horse
Rat
Guinea.Pig
Platypus
Opossum
Stickleback
Ricefish
Fugu
Conserved
Unconserved
Ordered
Disordered

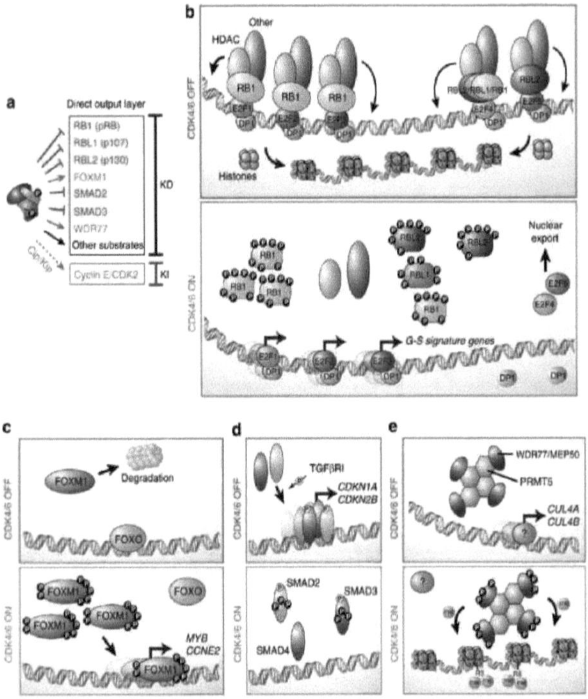
a
Direct output layer
RB1 (pRB)
RBL1 (p107)
RBL2 (p130)
FOXM1
SMAD2
SMAD3
WDR77
Other substrates
Cyclin E/CDK2
KD
KI
b
CDK4/6 OFF
Other
HDAC
RB1
Histones
CDK4/6 ON
Nuclear export
G-S signature genes
c
FOXM1
Degradation
FOXO
MYB
CCNE2
d
TGFβRI
CDKN1A
CDKN2B
SMAD2
SMAD3
SMAD4
e
WDR77/MEP50
PRMT5
CUL4A
CUL4B

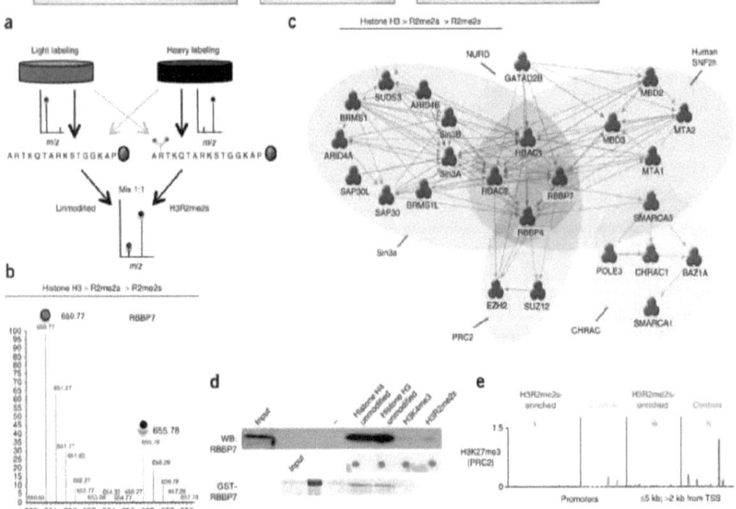
a
Light labeling
Heavy labeling
m/z
ARTKQTARKSTGGKAP
Mix 1:1
Unmodified
H3R2me2s
b
Histone H3 > R2me2a > R2me2s
650.77
655.78
RBBP7
m/z
c
Histone H3 > R2me2a > R2me2s
NURD
Human SNF2h
GATAD2B
SUDS3
ARID4B
BRMS1
ARID4A
SAP30L
SAP30
BRMS1L
Sin3B
Sin3A
HDAC1
HDAC2
RBBP7
RBBP4
MBD2
MBD3
MTA2
MTA1
SMARCA5
POLE3
CHRAC1
BAZ1A
SMARCA1
EZH2
SUZ12
Sin3a
PRC2
CHRAC
d
WB: RBBP7
GST-RBBP7
Input
e
H3K27me3 (PRC2)
Promoters

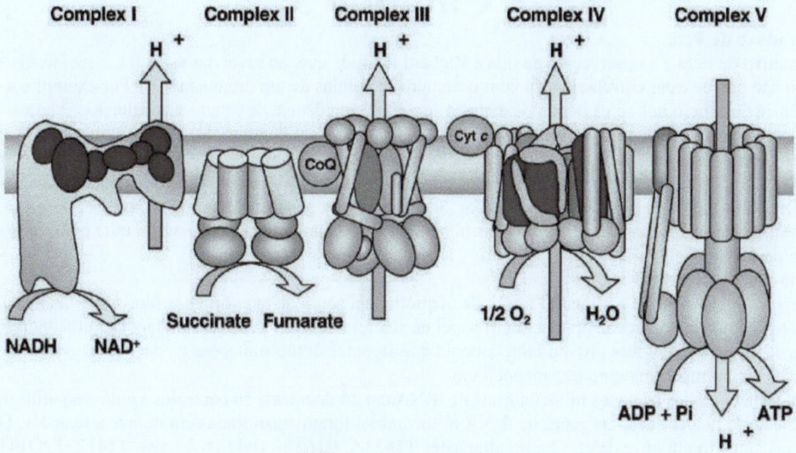
Complex I
Complex II
Complex III
Complex IV
Complex V
H +
H +
H +
CoQ
Cyt c
Succinate Fumarate
1/2 O_2
H_2O
NADH
NAD^+
ADP + Pi
ATP
H +

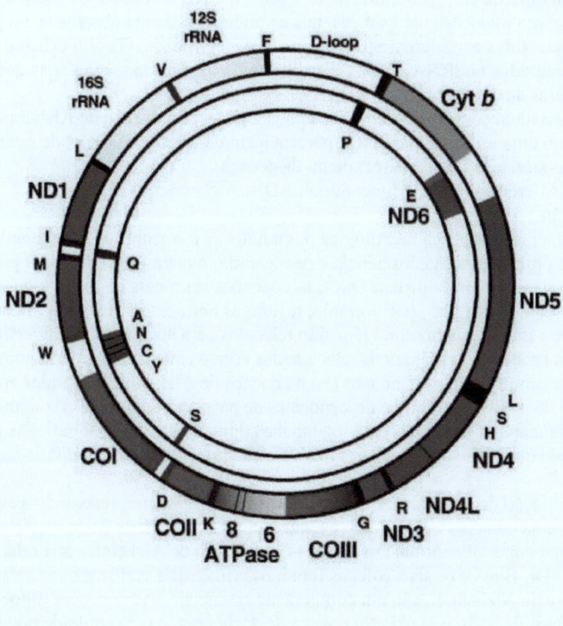
12S
rRNA
F
D-loop
V
T
16S
rRNA
Cyt b
P
L
ND1
E
ND6
I
M
Q
ND2
ND5
A
N
C
Y
W
L
S
H
S
COI
ND4
D
R
ND4L
COII
K
8
6
G
ND3
ATPase
COIII

Capítulo 3

O paradoxo de Peto

O Paradoxo de Peto é a observação, devida a Richard Peto, de que, ao nível das espécies, a incidência de cancro não parece estar correlacionada com o número de células de um organismo.[208] Por exemplo, a incidência de cancro nos seres humanos é muito superior à incidência de cancro nas baleias.[209] Isto acontece apesar do facto de uma baleia ter muito mais células do que um ser humano. Se a probabilidade de carcinogénese fosse constante nas células, seria de esperar que as baleias tivessem uma maior incidência de cancro do que os humanos. O mesmo acontece com os elefantes. Em outubro de 2015, dois estudos independentes mostraram que os elefantes têm 20 cópias de um gene supressor de tumores TP53 no seu genoma, enquanto os humanos e outros mamíferos têm apenas uma, fornecendo assim uma possível solução para o paradoxo.[210]

Resumo Artigo original

A doença de Alzheimer é a principal forma de memória, e a perda de memória nos idosos é a interação dos genes e do ambiente que desempenham um papel na sua formação. O papel das mutações mitocondriais em várias doenças neurológicas provou efetivamente que algumas destas mutações da doença de Alzheimer são herdadas de um modo materno não mendeliano.

Foram testados todos os genes mitocondriais de tRNA em 24 doentes e 50 controlos saudáveis, utilizando sequências de nucleótidos. Os genes de tRNA mitocondrial foram encontrados em quinze alterações. Os polimorfismos foram onze deles. Quatro alterações T1633A, C1631A (no tRNA pais), T14723T, Q14704C, foram classificadas como mutações patogénicas, tais como heteroplasmia observada em pacientes, mutações de sequências de nucleótidos em diferentes organismos foi identificada. O polimorfismo A12308G, oito pacientes foram encontrados no tRNA leucina. Esta alteração foi detectada em várias doenças neurológicas, bem como em amostras de controlo.

Acreditamos que estas alterações podem influenciar a patogénese da doença de Alzheimer ou que o processo da doença actua como uma lesão secundária. A percentagem de heteroplasmia pode estar envolvida no desenvolvimento dos sintomas ou no aparecimento da doença.

Palavras-chave: transferência, ARN, Mitocondrial, ADN, Alzheimer, A12308G

Artigo de introdução

A doença de Alzheimer, uma doença neurológica dos adultos, é a corrupção. Por exemplo, a doença, com uma perda gradual e progressiva da consciência e da memória, mostra[1] . Os processos patogénicos, os danos estruturais e funcionais sob a forma de neurónios, as conexões neuronais estão em vigor e o mecanismo fisiológico da morte celular mostra[2] , por exemplo, regular as hormonas e reduzir a imunidade mediada por células prejudicada e a imunidade humoral têm sido relatados para aumentar[3] . A diversidade genética, a saúde ambiental e os processos psicológicos relacionados com o envelhecimento do homem são factores que conduzem ao enfraquecimento do sistema nervoso na doença de Alzheimer[4] . Estudos epidemiológicos sugerem que o risco de modelo tardio, em descendentes de pais com doença de Alzheimer ou doença mitocondrial herdada maternalmente, o que é totalmente compatível com o padrão[5] . As mutações do ADN mitocondrial, segundo uma forte opinião, causam a doença num padrão de hereditariedade não mendeliano da mãe que herdou .[6]

Um fator crítico na criação da pequena memória da doença de Alzheimer, reduzindo a atividade dos genes é a RbAp48. Esta proteína aumenta com a idade e a diminuição da atividade física e cerebral do homem no homem. A função mitocondrial anormal em doentes com doença de Alzheimer está relacionada com todo o tipo de alterações. O Dr. Blass e os seus colegas foram os primeiros a verificar que os danos no metabolismo energético, na doença de Alzheimer, são um componente essencial[7] . As mutações mitocondriais podem ter um papel nos distúrbios de lesão nervosa. Na doença de Alzheimer, a beta amiloide pode inibir o sistema de fosforilação oxidativa mitocondrial[8] . O sofrimento humano, exclusivo de certas mutações no genoma mitocondrial, é um defeito hereditário que provoca a cadeia de transporte de electrões, a cadeia é danificada, causando uma cascata de processos prejudiciais nas funções das mitocôndrias, como a produção de ADN e ARN, a produção de energia e o metabolismo das gorduras e a incidência da doença de Alzheimer[9] . O gene 16S rRNA, peptídeo funcional mitocondrial que codifica o peptídeo da morte das células nervosas, causado por genes mutantes no padrão familiar da doença de Alzheimer, é induzido e suprimido .[10]

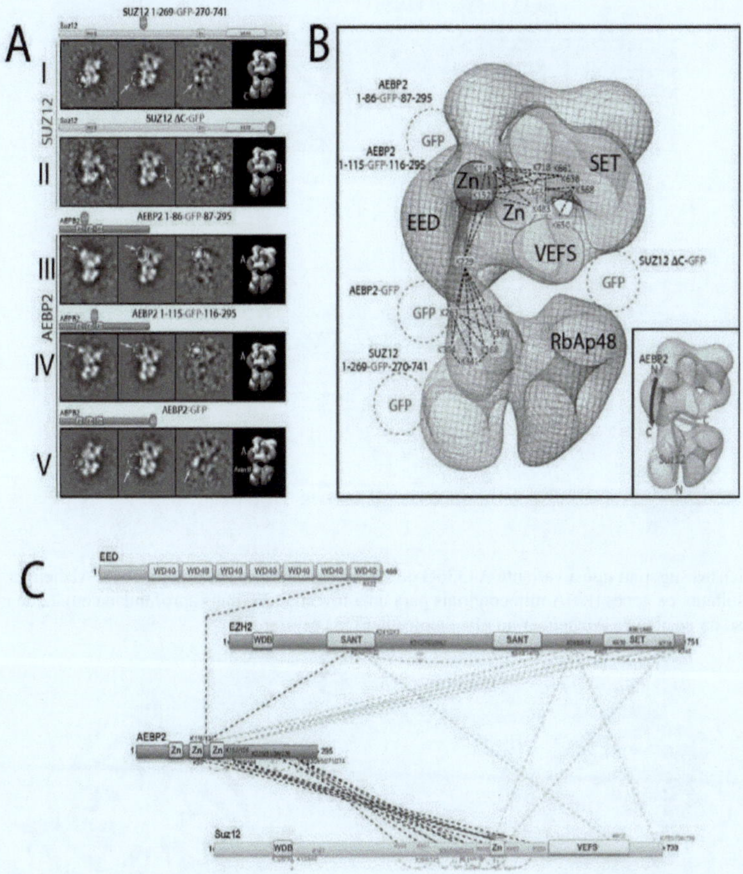
A
SUZ12 1-269-GFP-270-741
I
SUZ12
SUZ12 ΔC-GFP
II
AEBP2 1-86-GFP-87-295
III
AEBP2
AEBP2 1-115-GFP-116-295
IV
AEBP2-GFP
V
B
AEBP2
1-86-GFP-87-295
GFP
AEBP2
1-115-GFP-116-295
Zn
SET
Zn
EED
VEFS
SUZ12 ΔC-GFP
GFP
AEBP2-GFP
GFP
RbAp48
SUZ12
1-269-GFP-270-741
GFP
AEBP2
C
EED
WD40
EZH2
WDB
SANT
SANT
SET
AEBP2
Zn
Zn
Zn
295
Suz12
WDB
Zn
VEFS

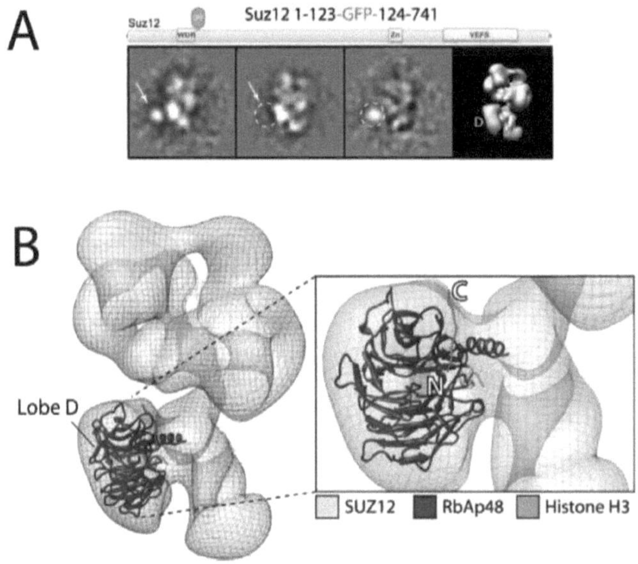

Os geneticistas sugerem que a variante A4336G do ARNt glutamina aumenta o risco de Alzheimer 11. Como resultado, os genes tRNA mitocondriais para uma investigação mais aprofundada em 22 de maio, a patogénese da doença de Alzheimer ao nível molecular para revelar.

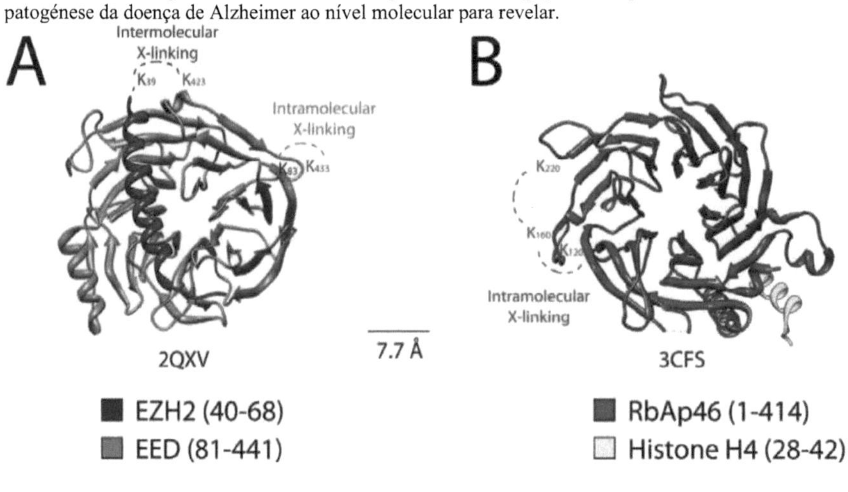

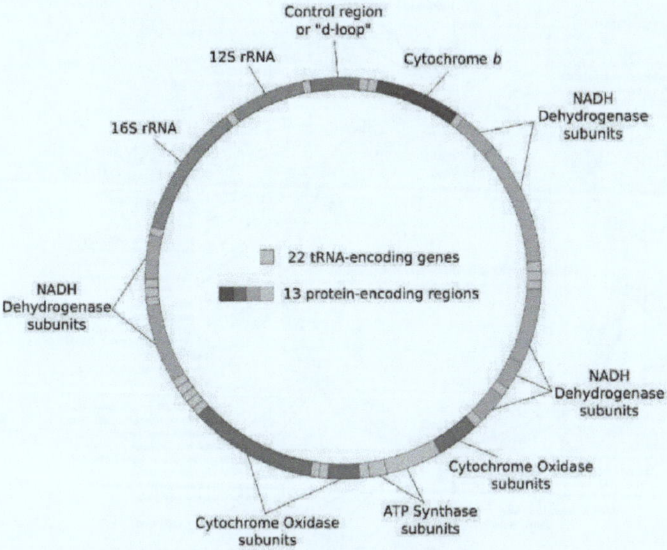

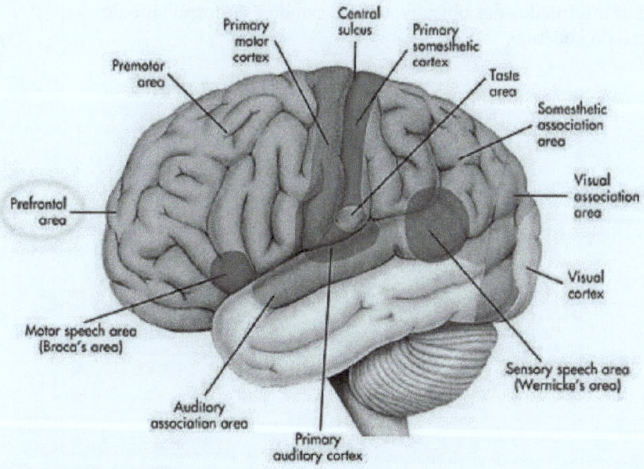

Materiais e métodos

Foram recolhidas amostras de sangue iraniano de 24 doentes com doença de Alzheimer (52-76 anos) e de 50 indivíduos saudáveis como controlos (56-75 anos). As amostras de controlo foram selecionadas aleatoriamente entre as pessoas que não apresentavam sintomas da doença e as suas famílias, alguém que não existia. Estas pessoas foram examinadas por um neurologista para verificar se havia alguma doença, demência ou outras perturbações neurológicas. Todos os doentes foram submetidos a um exame físico completo e a uma história completa dos sintomas e do historial médico, tendo sido utilizados medicamentos. Ensaios clínicos efectuados por um neurologista.

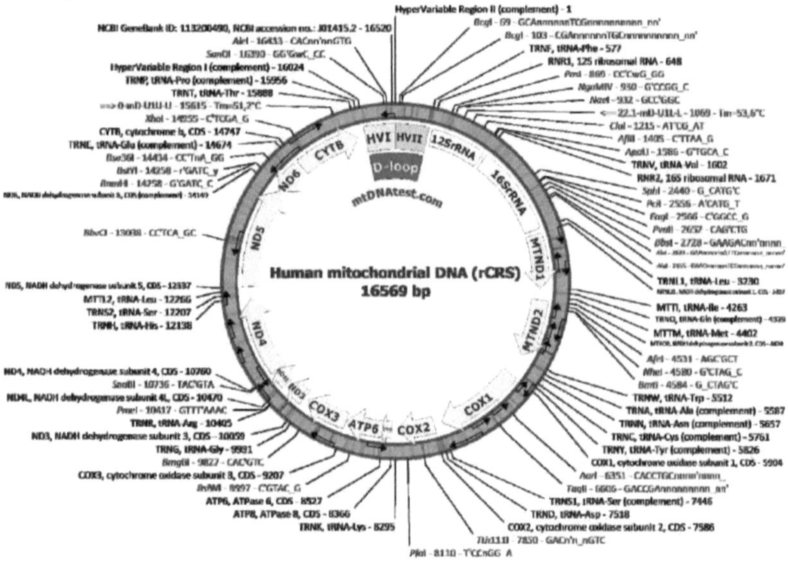

Todos os doentes e controlos foram informados dos objectivos deste estudo e do formulário de consentimento, assinado para o estudo genético.

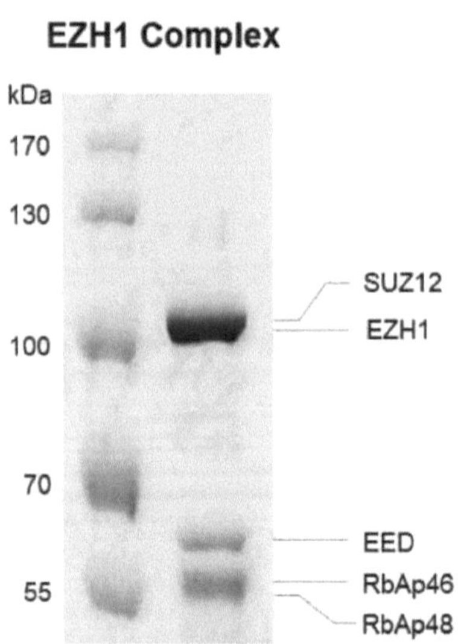

Foram colhidas amostras de sangue periférico e o ADN foi extraído e purificado utilizando o kit de extração de ADN diatomáceas da empresa alemã Biogen. A amplificação do gene com os primers 12, 22 do gene tRNA e as condições de PCR têm de ser bastante precisas e sem qualquer contaminação no sangue dos doentes e dos controlos foram analisadas. Os produtos de PCR com iniciadores principais ou de retorno, a sequência de nucleótidos e os das amostras de controlo foram comparados com o software Finch TV.

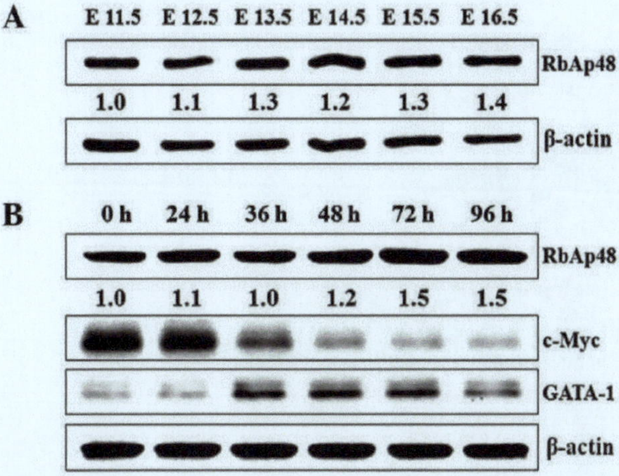

Figura 1: Esquema do padrão de proteínas no sistema nervoso, a banda de memória do cérebro.

Conclusões

Foram encontrados genes de tRNA mitocondrial em 15 alterações. G709A no tRNA Phe, C1631A, G1719A, T1700C, T1633A, e A1811G do tRNA valina, C5583T no tRNA Ser, T10034C, (UCN) no tRNA glicina, G12172A no tRNA histidina, A12308G no tRNA leucina, T14704C, (CUN) e T14723T no tRNA glutamato, A15924G e A15951G no tRNA tirosina regulador e G16129A mtDNA foram encontrados na área. C1631A e T1633A para mutações heteroplasmáticas em seis doentes, mas não foram observadas nas amostras de controlo. As mutações T14704C e T14723C e as mutações A14704G e A14723G para heteroplasmia num doente, mas não foram observadas nas amostras de controlo. Outras alterações nas amostras de doentes e de controlo foram consideradas Hemoplasmia.

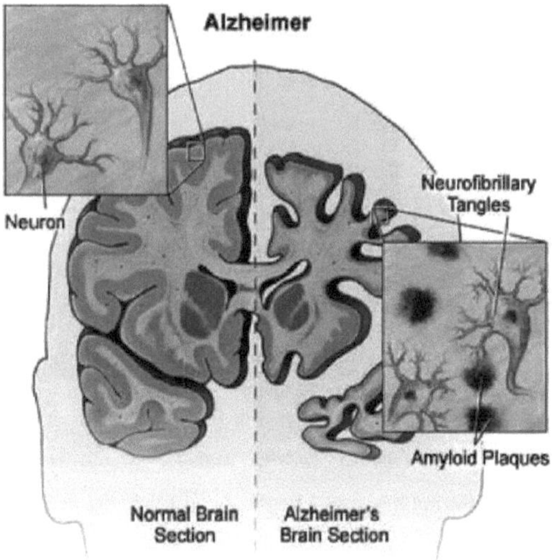

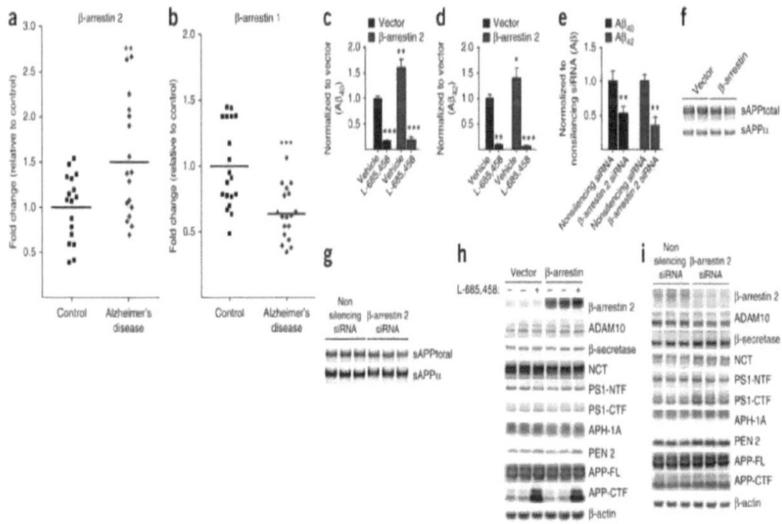

Figura 2: O padrão de bandas de ADN dos doentes de Alzheimer e dos grupos de controlo foi formado na reação de PCR.

Não	Alelo	tRNA	C.AA	P	M	Ho	Ele	Comunicado
1	G709A	F	N	*	-	*	-	*
2	C1631A	V	N	-	*	-	*	-
3	T1633A	V	N	-	*	-	*	-

4	T1700C	V	N	*	-	*	-	*
5	G1719A	V	N	*	-	*	-	*
6	A1811G	V	N	*	-	*	-	*
7	C5583T	S(UCN)	N	*	-	*	-	*
8	T10034C	G	N	*	-	*	-	*
9	G12172A	H	N	*	-	*	-	*
10	A12308G	L(CUN)	N	*	-	*	-	*
11	T14704C	E	N	-	*	-	*	-
12	T14723C	E	N	-	*	-	*	-
13	A15924G	T	N	*	-	*	-	*
14	A15951G	T	N	*	-	*	-	*
15	G16129A	-	N	*	-	*	-	*

Tabela 1: C.AA: alteração de aminoácidos, N: nenhum, P: polimorfismo, M: mutação, Ho: hemoplasmia, He: hetroplasmia, relatado.

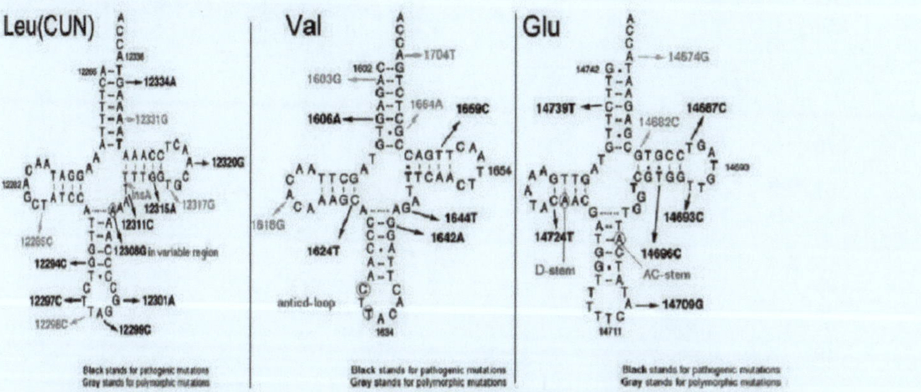

tRNA Leu (CUN) (A12308G), tRNA Val (C1631A e T1633A), tRNA Glu (A14704G e A14723G).

HUMANO	5'CCCAACTTACACCTTAGG3'
PACIENTE	5'CCCAAATAACACTTAGG3'
GORILLA	5'CCCAACTTACACTTAGG3'
XENOPUS	5'CCTAGCTTACACTGAGA3'
ANGUILLO	5'TCTACCTTACACTGAGA3'
HUMANO	5'CAACGATGGTTTTCATATCAT3'
PACIENTE	5'CGACGATGGTTTTCATATCGT3'
GORILLA	5'CAACGATGGTTTTCATATCAT3'

LEMUR	5'CAACGATGGTTTTCATATCAT3'
GADO	5'CAACGATGGTTTTCATATCAT3'
RHINOCEROS	5'CAACGATGGTTTTCATATCAT3'

Para cima: Sequência conservada no ARNt Val. (C1631A e T1633A) Em baixo: Sequência conservada no ARNt Glu. (A14704G e A14723G) Tabela 2: sequências conservadas.

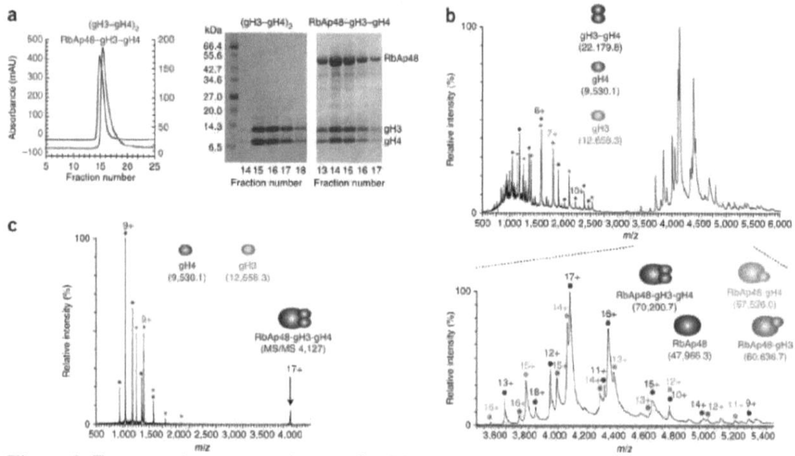

Figura 3: Esquema da extensão da proteína RbAp48 no cérebro humano.

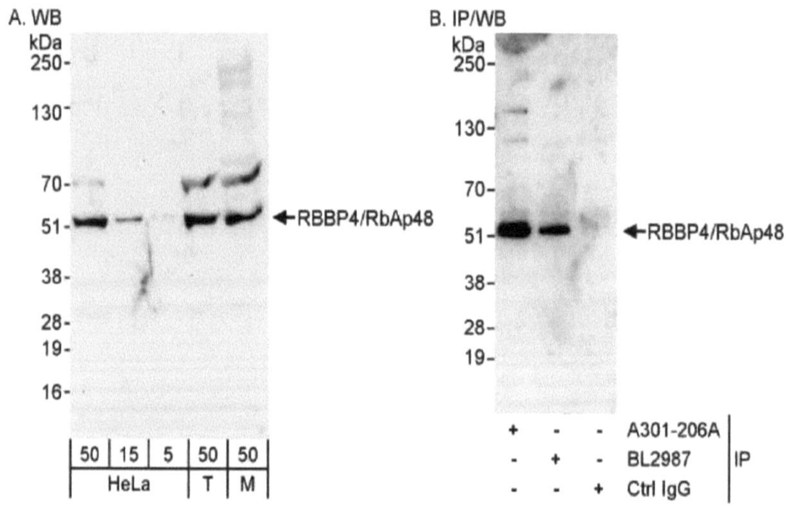

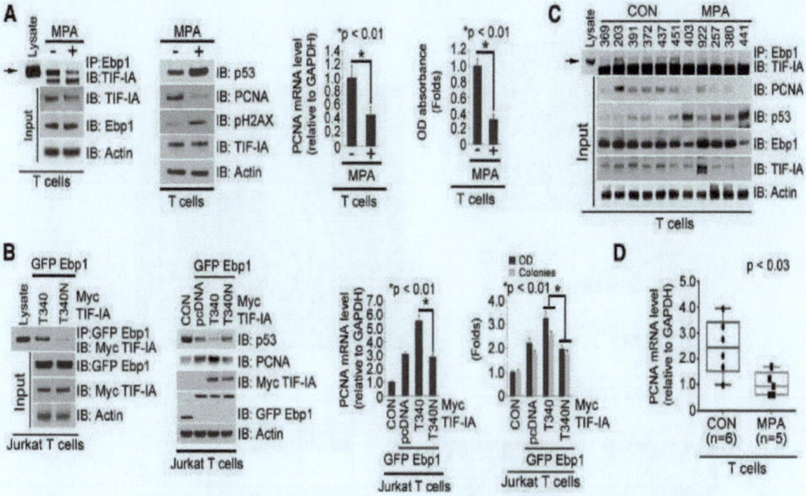
A
Lysate
MPA
IP:Ebp1
IB:TIF-IA
IB: TIF-IA
IB: Ebp1
IB: Actin
Input
T cells
IB: p53
IB: PCNA
IB: pH2AX
IB: TIF-IA
IB: Actin
*p < 0.01
PCNA mRNA level (relative to GAPDH)
OD absorbance (Folds)
C
CON
MPA
369 203 391 372 437 451 403 922 257 380 441
IP: Ebp1
IB: TIF-IA
IB: PCNA
IB: p53
IB: Ebp1
IB: TIF-IA
IB: Actin
B
GFP Ebp1
Lysate T340 T340N
Myc TIF-IA
IP:GFP Ebp1
IB: Myc TIF-IA
IB:GFP Ebp1
IB: Myc TIF-IA
IB: Actin
Jurkat T cells
CON pcDNA T340 T340N
IB: GFP Ebp1
OD
Colonies
(Folds)
D
p < 0.03
CON (n=6)
MPA (n=5)

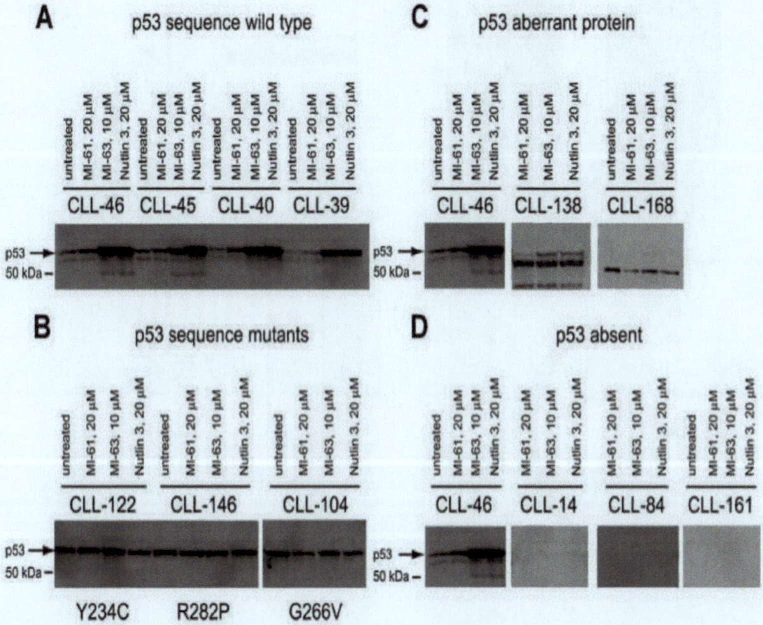
A
p53 sequence wild type
untreated
MI-61, 20 μM
MI-63, 10 μM
Nutlin 3, 20 μM
CLL-46 CLL-45 CLL-40 CLL-39
p53
50 kDa
C
p53 aberrant protein
CLL-46 CLL-138 CLL-168
B
p53 sequence mutants
CLL-122 CLL-146 CLL-104
Y234C R282P G266V
D
p53 absent
CLL-46 CLL-14 CLL-84 CLL-161

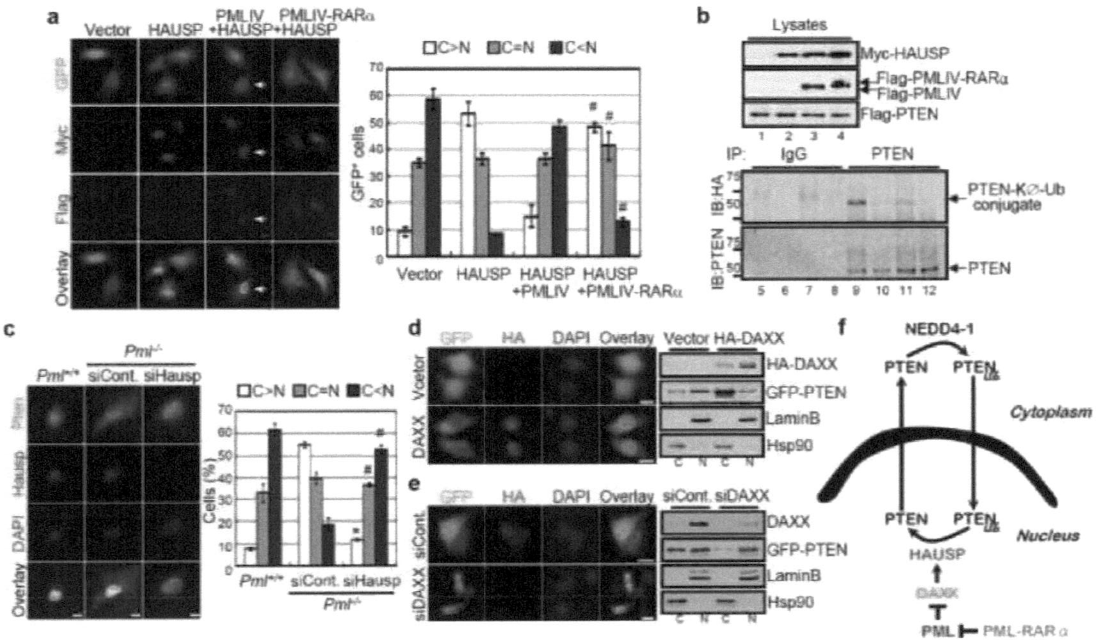
a
Vector
HAUSP
PMLIV +HAUSP
PMLIV-RARα +HAUSP
GFP
Myc
Flag
Overlay
C>N
C=N
C<N
GFP⁺ cells
Vector
HAUSP
HAUSP +PMLIV
HAUSP +PMLIV-RARα
b
Lysates
Myc-HAUSP
Flag-PMLIV-RARα
Flag-PMLIV
Flag-PTEN
IP:
IgG
PTEN
IB:HA
IB:PTEN
PTEN-KØ-Ub conjugate
PTEN
c
Pml+/+
Pml-/-
siCont.
siHausp
Pten
Hausp
DAPI
Overlay
Cells (%)
d
GFP
HA
DAPI
Overlay
Vcetor
DAXX
Vector
HA-DAXX
GFP-PTEN
LaminB
Hsp90
e
siCont.
siDAXX
DAXX
f
NEDD4-1
PTEN
Cytoplasm
Nucleus
HAUSP
DAXX
PML
PML-RAR α

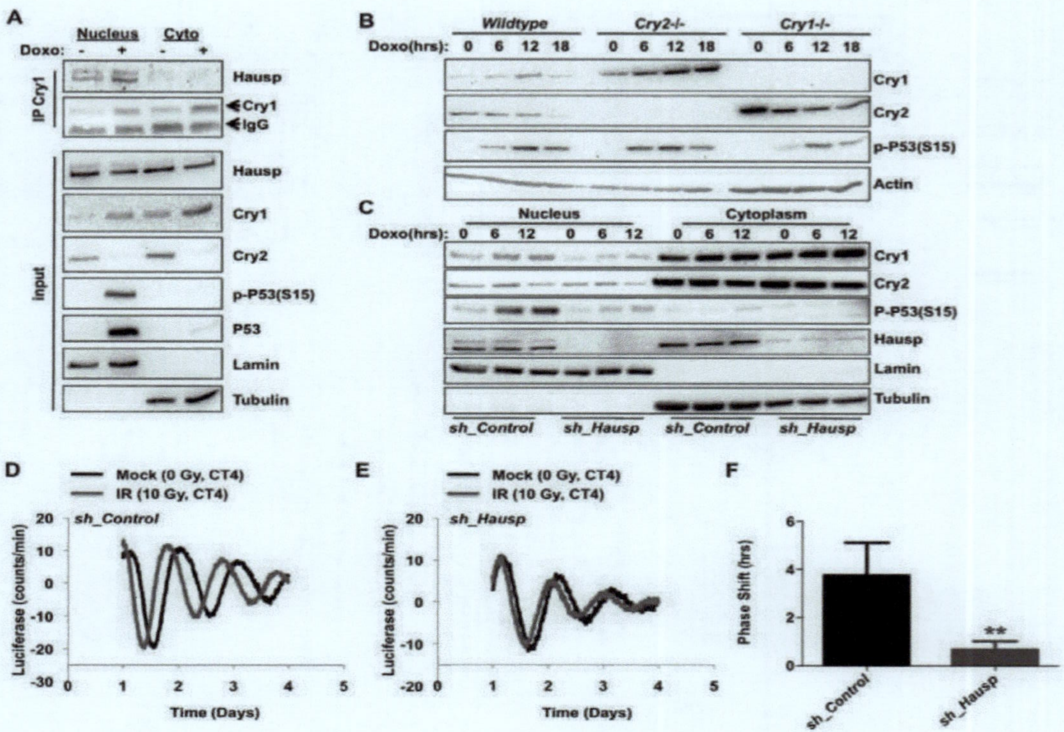
A
Nucleus
Cyto
Doxo: - + - +
IP Cry1
input
Hausp
Cry1
IgG
Hausp
Cry1
Cry2
p-P53(S15)
P53
Lamin
Tubulin
B
Wildtype
Cry2-/-
Cry1-/-
Doxo(hrs): 0 6 12 18 0 6 12 18 0 6 12 18
Cry1
Cry2
p-P53(S15)
Actin
C
Nucleus
Cytoplasm
Doxo(hrs): 0 6 12 0 6 12 0 6 12 0 6 12
Cry1
Cry2
P-P53(S15)
Hausp
Lamin
Tubulin
sh_Control
sh_Hausp
sh_Control
sh_Hausp
D
Mock (0 Gy, CT4)
IR (10 Gy, CT4)
sh_Control
Luciferase (counts/min)
Time (Days)
E
Mock (0 Gy, CT4)
IR (10 Gy, CT4)
sh_Hausp
Luciferase (counts/min)
Time (Days)
F
Phase Shift (hrs)
sh_Control
sh_Hausp
**

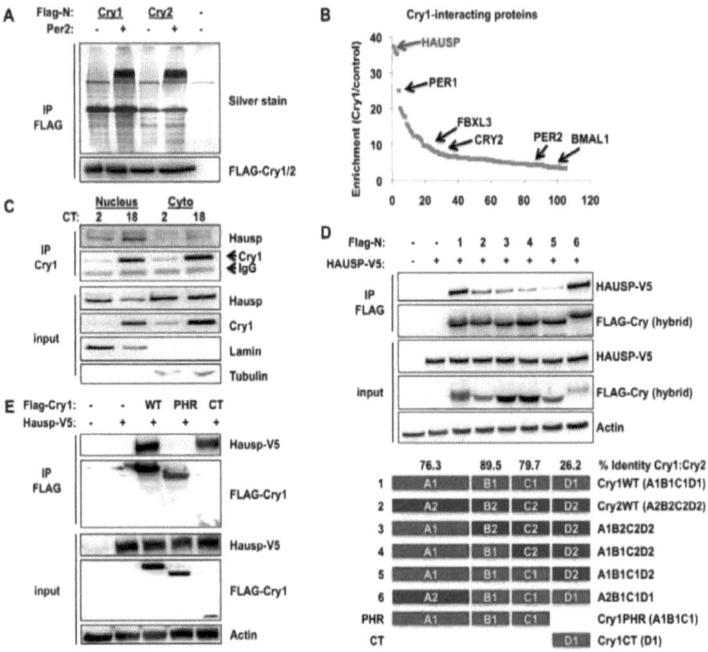
A
Flag-N: Cry1 Cry2 -
Per2: - + - + -
IP FLAG
Silver stain
FLAG-Cry1/2
B
Cry1-interacting proteins
Enrichment (Cry1/control)
HAUSP
PER1
FBXL3
CRY2
PER2
BMAL1
C
Nucleus Cyto
CT: 2 18 2 18
IP Cry1
Hausp
Cry1
IgG
input
Hausp
Cry1
Lamin
Tubulin
D
Flag-N: - - 1 2 3 4 5 6
HAUSP-V5: - + + + + + + +
IP FLAG
HAUSP-V5
FLAG-Cry (hybrid)
input
HAUSP-V5
FLAG-Cry (hybrid)
Actin
76.3 89.5 79.7 26.2 % Identity Cry1:Cry2
1 A1 B1 C1 D1 Cry1WT (A1B1C1D1)
2 A2 B2 C2 D2 Cry2WT (A2B2C2D2)
3 A1 B2 C2 D2 A1B2C2D2
4 A1 B1 C2 D2 A1B1C2D2
5 A1 B1 C1 D2 A1B1C1D2
6 A2 B1 C1 D1 A2B1C1D1
PHR A1 B1 C1 Cry1PHR (A1B1C1)
CT D1 Cry1CT (D1)
E
Flag-Cry1: - - WT PHR CT
Hausp-V5: - + + + +
IP FLAG
Hausp-V5
FLAG-Cry1
input
Hausp-V5
FLAG-Cry1
Actin

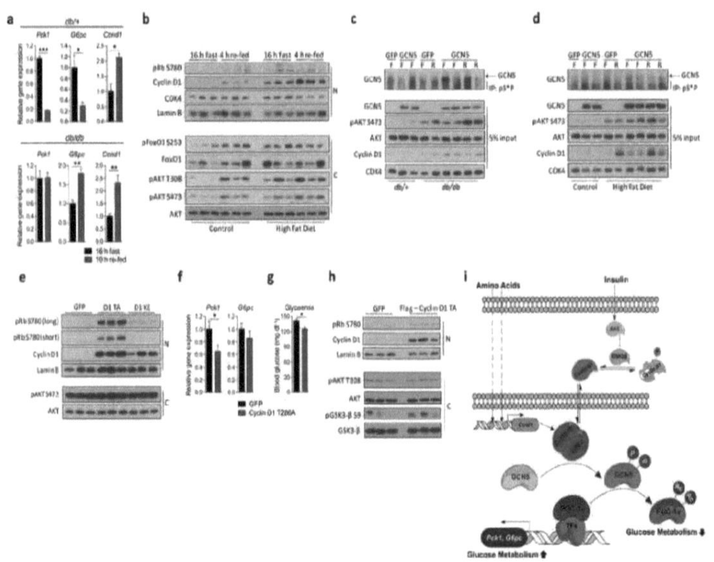
a
b
c
d
e
f
g
h
i
Amino Acids
Insulin
Control
High Fat Diet
Glucose Metabolism

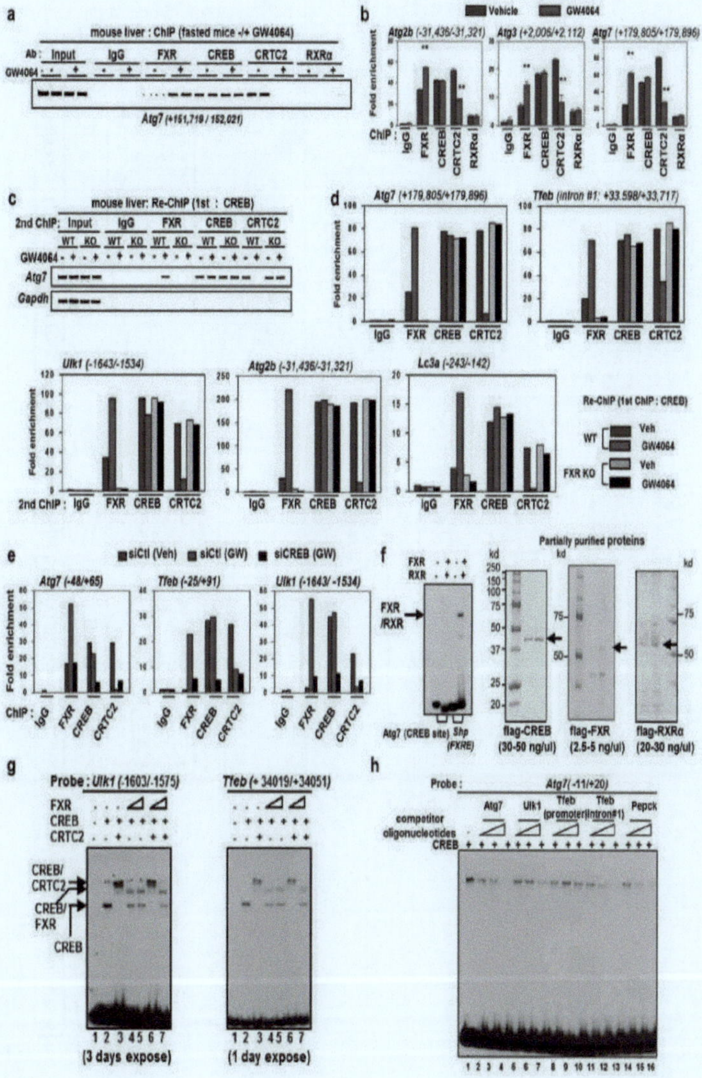

a
mouse liver : ChIP (fasted mice -/+ GW4064)
Ab : Input IgG FXR CREB CRTC2 RXRα
GW4064
Atg7 (+151,719 / 152,021)
b
Vehicle GW4064
Atg2b (-31,436/-31,321)
Atg3 (+2,006/+2,112)
Atg7 (+179,805/+179,896)
Fold enrichment
ChIP : IgG FXR CREB CRTC2 RXRα
c
mouse liver: Re-ChIP (1st : CREB)
2nd ChIP: Input IgG FXR CREB CRTC2
WT KO
GW4064
Atg7
Gapdh
d
Atg7 (+179,805/+179,896)
Tfeb (intron #1: +33,598/+33,717)
Fold enrichment
IgG FXR CREB CRTC2
Ulk1 (-1643/-1534)
Atg2b (-31,436/-31,321)
Lc3a (-243/-142)
2nd ChIP : IgG FXR CREB CRTC2
Re-ChIP (1st ChIP : CREB)
WT Veh GW4064
FXR KO Veh GW4064
e
siCtl (Veh) siCtl (GW) siCREB (GW)
Atg7 (-48/+65)
Tfeb (-25/+91)
Ulk1 (-1643/ -1534)
Fold enrichment
ChIP : IgG FXR CREB CRTC2
f
FXR
RXR
FXR /RXR
Atg7 (CREB site) Shp (FXRE)
Partially purified proteins
kd
flag-CREB (30-50 ng/ul)
flag-FXR (2.5-5 ng/ul)
flag-RXRα (20-30 ng/ul)
g
Probe : Ulk1 (-1603/-1575)
Tfeb (+ 34019/+34051)
FXR
CREB
CRTC2
CREB/ CRTC2
CREB/ FXR
CREB
1 2 3 4 5 6 7
(3 days expose)
(1 day expose)
h
Probe : Atg7(-11/+20)
Atg7 Ulk1 Tfeb (promoter) Tfeb (intron#1) Pepck
competitor oligonucleotides
CREB
1 2 3 4 5 6 7 8 9 10 11 12 13 14 15 16

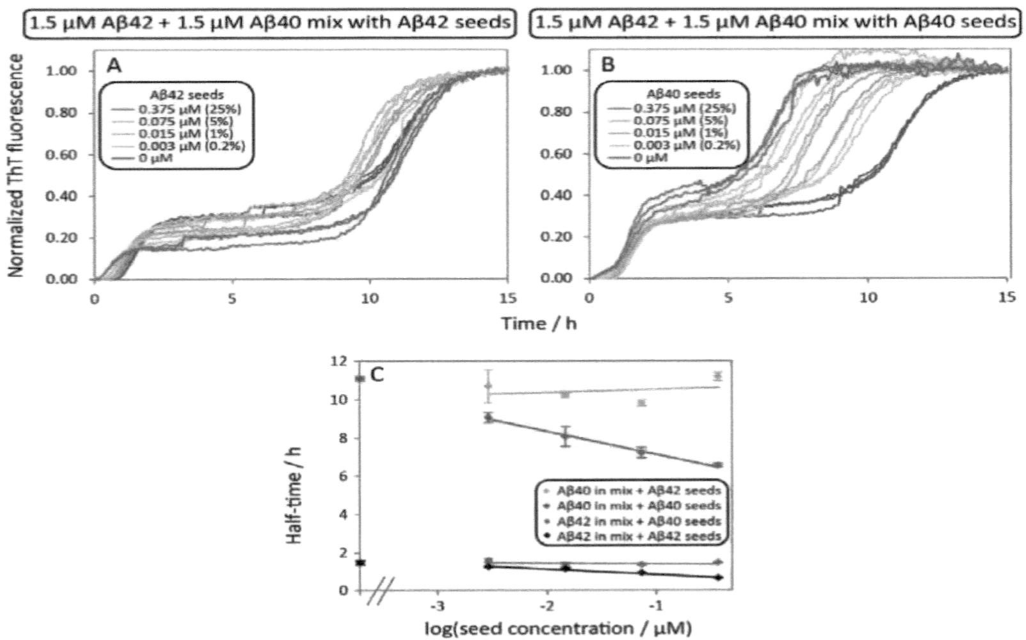

1.5 μM Aβ42 + 1.5 μM Aβ40 mix with Aβ42 seeds
1.5 μM Aβ42 + 1.5 μM Aβ40 mix with Aβ40 seeds
A
B
C
Aβ42 seeds
Aβ40 seeds
0.375 μM (25%)
0.075 μM (5%)
0.015 μM (1%)
0.003 μM (0.2%)
0 μM
Normalized ThT fluorescence
Time / h
Half-time / h
log(seed concentration / μM)
Aβ40 in mix + Aβ42 seeds
Aβ40 in mix + Aβ40 seeds
Aβ42 in mix + Aβ40 seeds
Aβ42 in mix + Aβ42 seeds

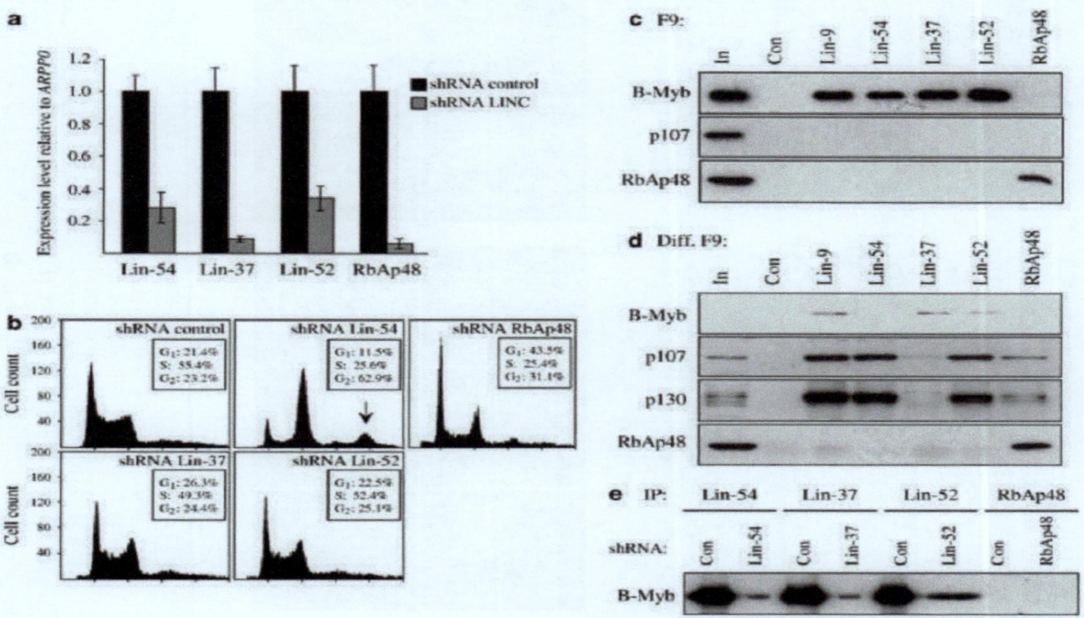
a
Expression level relative to ARPP0
1.2
1.0
0.8
0.6
0.4
0.2
Lin-54
Lin-37
Lin-52
RbAp48
shRNA control
shRNA LINC
b
Cell count
shRNA control
G1: 21.4%
S: 55.4%
G2: 23.2%
shRNA Lin-54
G1: 11.5%
S: 25.6%
G2: 62.9%
shRNA RbAp48
G1: 43.5%
S: 25.4%
G2: 31.1%
shRNA Lin-37
G1: 26.3%
S: 49.3%
G2: 24.4%
shRNA Lin-52
G1: 22.5%
S: 52.4%
G2: 25.1%
c F9:
In
Con
Lin-9
Lin-54
Lin-37
Lin-52
RbAp48
B-Myb
p107
RbAp48
d Diff. F9:
B-Myb
p107
p130
RbAp48
e IP:
Lin-54
Lin-37
Lin-52
RbAp48
shRNA:
Con
B-Myb

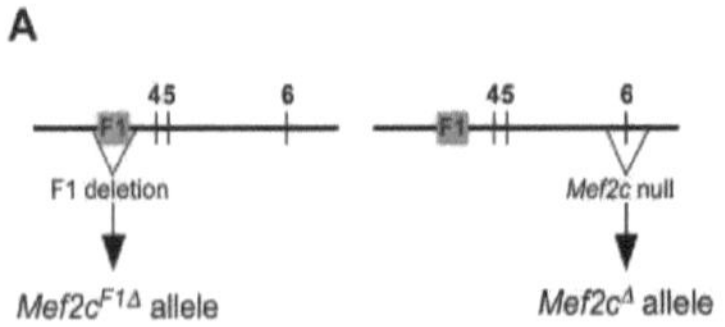

B $Mef2c^{+/F1\Delta}$ x $Mef2c^{+/\Delta}$

Genotypes	Alive	Dead	Total
$Mef2c^{+/+}$ (wt) $Mef2c^{+/F1\Delta}$ (F1Δ het) $Mef2c^{+/\Delta}$ (het)	23	0	23
$Mef2c^{F1\Delta/\Delta}$ (*trans* ko)	2	5	7
Total	25	5	30

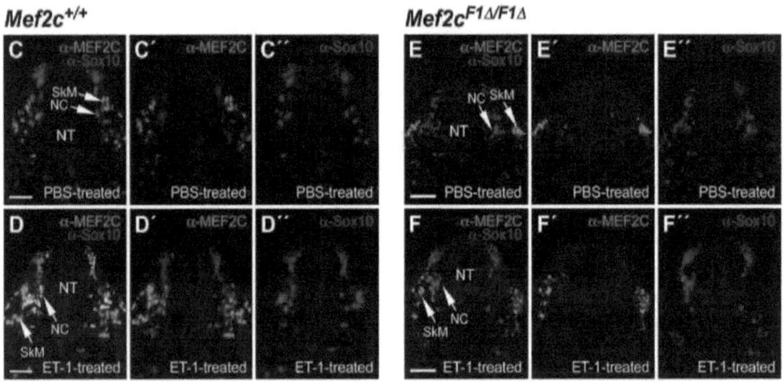

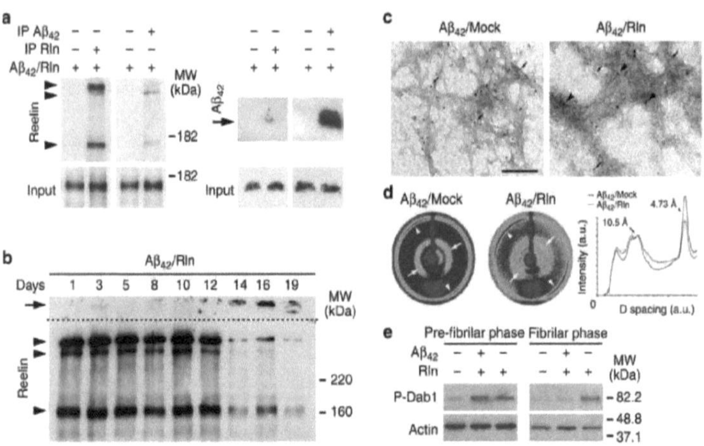

Discussão e conclusão

Foram registadas mutações nos genes do ARNt mitocondrial em várias doenças neurológicas e o risco de desenvolver a doença de Alzheimer foi revelado por mutações mitocondriais. Cutler e colegas documentaram provas de que o defeito básico na atividade enzimática mitocondrial aumenta com a idade e ocorre nas mitocôndrias das células e as mitocôndrias podem desempenhar um papel na doença de Alzheimer. Kasakan e colegas mostraram que 65% dos pacientes com mutações no cérebro, mas a mutação T414G foi observada. NADH desidrogenase subunidade 331 segundo ponto-chave mutações no cérebro de pacientes de Alzheimer, havia 10 casos de 19, enquanto em 11 indivíduos saudáveis foi[11] . Os defeitos mtDNA associados com o processo de envelhecimento, mutações específicas em genes mitocondriais foram identificados que são campos e infraestrutura para a doença de Alzheimer[12] . O polimorfismo A12308G foi detectado em 8 doentes com tRNA da leucina, tendo sido comunicada a alteração do número de amostras de controlo e uma série de doenças, como a doença CPEO, a doença Storke, a doença de Parkinson e a cardiomiopatia. Os polimorfismos A12308G estão associados a um risco acrescido de desenvolver a doença e a anomalias do pigmento da retina, baixa estatura, desconforto ao engolir e defeitos de condução cardíaca[13] . Este Haplo grupos de mtDNA pode regular mitocondrial entre Encefalomiocardite clínica miopatia grandes deleções no mtDNA que é devido.

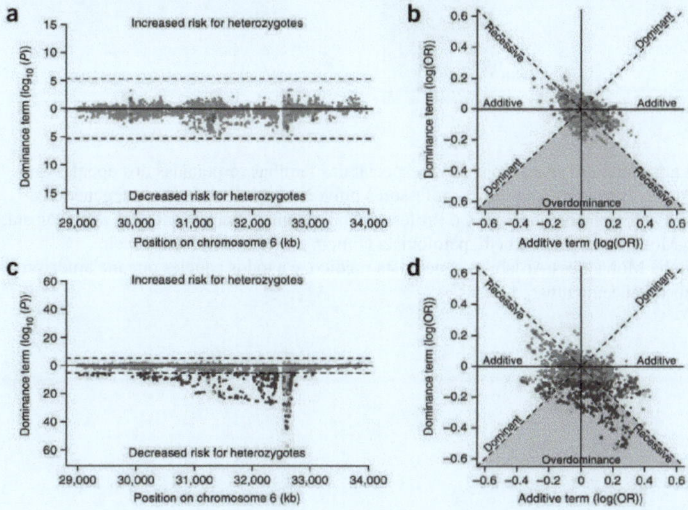

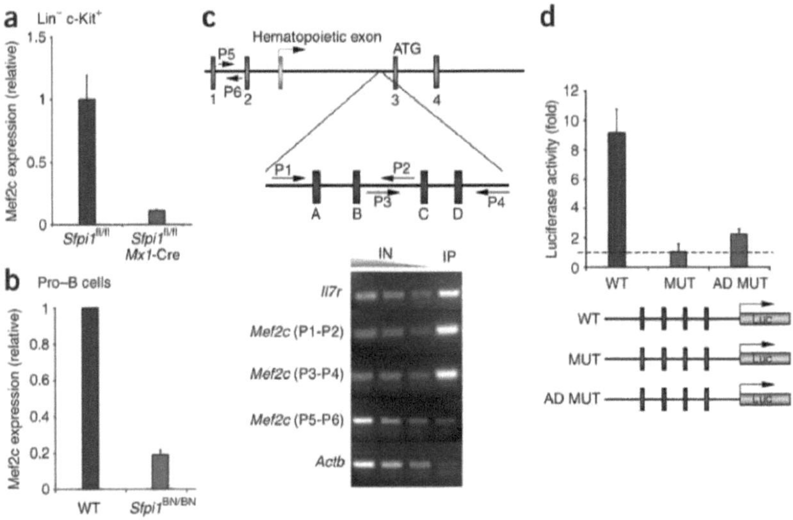

Agradecimentos

De todos os parceiros que nos ajudaram neste projeto, em especial das famílias respeitadas dos doentes que colaboraram no projeto e que o apreciam. A todos os professores universitários, incluindo o pai genético do Professor Dariuosh Farhood, um eminente cirurgião, o Professor Majid Samiei, neurocientista e neurologista a nível mundial, o médico Mohammad Reza Abedi, patologista clínico, o médico Ali Nazirzadeh, geneticista, o médico Mojtaba Mohaddess Ardabily, geneticista médico, e a todos aqueles que me ajudaram a escrever este livro, os meus agradecimentos.

Referências

Burns A, Iliffe S (5 de fevereiro de 2009). "Doença de Alzheimer". BMJ **338**: b158.

Organização Mundial da Saúde. março de 2015. Recuperado em 13 de janeiro de 2016.

Instituto Nacional do Envelhecimento. Recuperado em 28 de dezembro de 2011.

Querfurth HW, LaFerla FM (28 de janeiro de 2010). "Doença de Alzheimer". The New England Journal of Medicine **362** (4): 329-44.

Todd S, Barr S, Roberts M, Passmore AP (novembro de 2013). "Sobrevivência na demência e preditores de mortalidade: uma revisão". Jornal Internacional de Psiquiatria Geriátrica **28** (11): 1109-24.

Ballard C, Gauthier S, Corbett A, et al. (19 de março de 2011). "Doença de Alzheimer". Lancet **377** (9770): 1019-31.

Instituto Nacional de Excelência em Saúde e Cuidados (NICE). Recuperado em 30 de novembro de 2014.

Instituto Nacional do Envelhecimento. 29 de agosto de 2006. Recuperado em 29 de fevereiro de 2008.

Thompson CA, Spilsbury K, Hall J, Birks Y, Barnes C, Adamson J.

Forbes D, Thiessen EJ, Blake CM, Forbes SC, Forbes S (4 de dezembro de 2013). "Programas de exercícios para pessoas com demência". A Base de Dados Cochrane de Revisões Sistemáticas **12**: CD006489.

Instituto Nacional de Saúde e Excelência Clínica. "Antipsicóticos de baixa dose em pessoas com demência". Instituto Nacional de Excelência em Saúde e Cuidados (NICE). Recuperado em 29 de novembro de 2014.

"Informação para os profissionais de saúde: Conventional Antipsychotics". Administração de Alimentos e Medicamentos dos EUA. 16 de junho de 2008. Recuperado em 29 de novembro de 2014.

Mendez MF (novembro de 2012). "Doença de Alzheimer de início precoce: subtipos não amnésicos e AD tipo 2". Arquivos de Pesquisa Médica **43** (8): 677-85.

Lozano R, Naghavi M, Foreman K (15 de dezembro de 2012). "Mortalidade global e regional por 235 causas de morte para 20 grupos etários em 1990 e 2010: uma análise sistemática para o Global Burden of Disease Study 2010.". Lancet **380** (9859): 2095-128. doi:10.1016/S0140-6736(12)61728-0. PMID 23245604.

Berchtold NC, Cotman CW. Evolução na Conceptualização da Demência e da Doença de Alzheimer: Do período greco-romano à década de 1960. Neurobiologia do Envelhecimento. 1998;19(3):173-189. doi:10.1016/S0197-4580(98)00052-9. PMID 9661992.

Bonin-Guillaume S, Zekry D, Giacobini E, Gold G, Michel JP. Impact économique de la démence (Inglês: O Impacto Económico da Demência). Presse Médicale. 2005;34(1):35- 41. Francês. doi: 10.1016/s0755-4982(05)83882-5. PMID 15685097.

Meek PD, McKeithan K, Schumock GT. Considerações económicas sobre a doença de Alzheimer. Pharmacotherapy. 1998;18(2 Pt 2):68-73; discussão 79-82. doi:10.1002/j.1875-9114.1998.tb03880.x. PMID 9543467.

Avaliação dos medicamentos de prescrição utilizados no tratamento da doença de Alzheimer: Doença de Alzheimer Comparação da eficácia, segurança e preço [PDF]. Projeto de revisão da eficácia dos medicamentos da Consumer Reports. maio de 2012 [Recuperado em 1 de maio de 2013]. Relatórios do consumidor.

Waldemar G, Dubois B, Emre M, et al. Recommendations for the Diagnosis and Management of Alzheimer's Disease and Other Disorders Associated with Dementia (Recomendações para o diagnóstico e tratamento da doença de Alzheimer e de outras perturbações associadas à demência): EFNS Guideline. Jornal Europeu de Neurologia. 2007;14(1):e1-26. doi:10.1111/j.1468- 1331.2006.01605.x. PMID 17222085.

Backman L, Jones S, Berger AK, Laukka EJ, Small BJ. Multiple Cognitive Deficits During the Transition to Alzheimer's Disease (Défices cognitivos múltiplos durante a transição para a doença de Alzheimer). Journal of Internal Medicine. 2004;256(3):195-204. doi:10.1111/j. 1365-2796.2004.01386.x. PMID 15324363.

Nygard L. Actividades instrumentais da vida diária: A Stepping-stone Towards Alzheimer's Disease Diagnosis in Subjects with Mild Cognitive Impairment? Ata Neurologica Scandinavica. 2003;Suppl(179):42-6. doi:10.1034/j.1600-0404.107.s179.8.x. PMID 12603250.

Arnaiz E, Almkvist O. Neuropsychological Features of Mild Cognitive Impairment and Preclinical Alzheimer's Disease (Caraterísticas neuropsicológicas do défice cognitivo ligeiro e da doença de Alzheimer pré-clínica). Ata Neurologica Scandinavica. 2003;179:34-41. doi:10.1034/j.1600-0404.107.s179.7.x. PMID 12603249.
Landes AM, Sperry SD, Strauss ME, Geldmacher DS. Apathy in Alzheimer's Disease (Apatia na doença de Alzheimer). Journal of the American Geriatrics Society. 2001;49(12):1700-7. doi:10.1046/j.1532- 5415.2001.49282.x. PMID 11844006.
Murray ED, Buttner N, Price BH (2012). "Depressão e psicose na prática neurológica". Em Bradley WG, Daroff RB, Fenichel GM, Jankovic J. Neurologia de Bradley na prática clínica. (6ª ed.). Philadelphia, PA: Elsevier/Saunders. ISBN 1-4377-0434-4.
Grundman M, Petersen RC, Ferris SH, et al. (2004). "O défice cognitivo ligeiro pode ser distinguido da doença de Alzheimer e do envelhecimento normal para ensaios clínicos". Arch. Neurol. **61** (1): 59-66. doi:10.1001/archneur.61.1.59. PMID 14732621.
Forstl H, Kurz A. Clinical Features of Alzheimer's Disease (Caraterísticas clínicas da doença de Alzheimer). Arquivos Europeus de Psiquiatria e Neurociência Clínica. 1999;249(6):288-290. doi:10.1007/s004060050101. PMID 10653284.
Carlesimo GA, Oscar-Berman M. Memory Deficits in Alzheimer's Patients: A Comprehensive Review. Neuropsychology Review. 1992;3(2):119-69. doi:10.1007/BF01108841. PMID 1300219.
Jelicic M, Bonebakker AE, Bonke B. Implicit Memory Performance of Patients with Alzheimer's Disease: Uma breve revisão. International Psychogeriatrics. 1995;7(3):385-392. doi:10.1017/S1041610295002134. PMID 8821346.
Taler V, Phillips NA. Language Performance in Alzheimer's Disease and Mild Cognitive Impairment: a comparative review. Journal of Clinical and Experimental Neuropsychology. julho de 2008;30(5):501-56. doi:10.1080/13803390701550128. PMID 18569251.
Frank EM. Effect of Alzheimer's Disease on Communication Function (Efeito da doença de Alzheimer na função de comunicação). Jornal da Associação Médica da Carolina do Sul. 1994;90(9):417-23. PMID 7967534.
Volicer L, Harper DG, Manning BC, Goldstein R, Satlin A. Sundowning and Circadian Rhythms in Alzheimer's Disease. The American Journal of Psychiatry. 2001 [Recuperado em 27 de agosto de 2008];158(5):704-11. doi:10.1176/appi.ajp.158.5.704. PMID 11329390.
Gold DP, Reis MF, Markiewicz D, Andres D. When Home Caregiving Ends: A Longitudinal Study of Outcomes for Caregivers of Relatives with Dementia. Journal of the American Geriatrics Society. 1995;43(1):10-6. doi:10.1111/j.1532-5415.1995.tb06235.x. PMID 7806732.
"O que sabemos atualmente sobre a doença de Alzheimer". Associação de Alzheimer. Recuperado em 1 de outubro de 2011. Embora os cientistas saibam que a doença de Alzheimer envolve uma falha progressiva das células cerebrais, a razão pela qual as células falham não é clara.
Wilson RS, Barral S, Lee JH, et al. Hereditariedade de diferentes formas de memória no Late Onset Alzheimer's Disease Family Study. Journal of Alzheimer's Disease. 2011;23(2):249- 55. doi:10.3233/JAD-2010-101515. PMID 20930268.
Gatz M, Reynolds CA, Fratiglioni L, et al. Papel dos genes e do ambiente na explicação da doença de Alzheimer. Arch. Gen. Psychiatry. 2006;63(2):168-74. doi:10.1001/archpsyc.63.2.168. PMID 16461860.
Blennow K, de Leon MJ, Zetterberg H. Alzheimer's Disease (Doença de Alzheimer). Lancet. 2006;368(9533):387-403. doi:10.1016/S0140-6736(06)69113-7. PMID 16876668.
Waring SC, Rosenberg RN. Genome-wide association studies in Alzheimer disease (Estudos de associação de todo o genoma na doença de Alzheimer). Archives of Neurology. 2008;65(3):329-34. doi:10.1001/archneur.65.3.329. PMID 18332245.
Selkoe DJ. Traduzir a biologia celular em avanços terapêuticos na doença de Alzheimer. Nature. 1999;399(6738 Suppl):A23-31. doi:10.1038/19866. PMID 10392577.
Borchelt DR, Thinakaran G, Eckman CB, et al. As variantes da presenilina 1 ligadas à doença de Alzheimer familiar elevam o rácio ßA1-42/1-40 in vitro e in vivo [PDF]. Neurónio. 1996;17(5):1005-13. doi:10.1016/S0896-6273(00)80230-5. PMID 8938131.
Shioi J, Georgakopoulos A, Mehta P, et al. Os mutantes FAD incapazes de aumentar a Aß 42 neurotóxica sugerem que os efeitos da mutação na neurodegeneração podem ser independentes dos efeitos na Abeta. Journal of Neurochemistry. 2007;101(3):674-81. doi:10.1111/j.1471-

4159.2006.04391.x. PMID 17254019.
Jonsson T, Atwal JK, Steinberg S, et al. Uma mutação na APP protege contra a doença de Alzheimer e o declínio cognitivo relacionado com a idade. Nature. 2 de agosto de 2012;488(7409):96-9.
doi:10.1038/nature11283. PMID 22801501.
Strittmatter WJ, Saunders AM, Schmechel D, et al. Apolipoprotein E: high-avidity binding to beta-amyloid and increased frequency of type 4 allele in late-onset familial Alzheimer disease. Actas da Academia Nacional de Ciências dos Estados Unidos da América. 1993;90(5):1977-81. doi:10.1073/pnas.90.5.1977. PMID 8446617.
Mahley RW, Weisgraber KH, Huang Y. Apolipoprotein E4: a causative fator and therapeutic target in neuropathology, including Alzheimer's disease (Apolipoproteína E4: um fator causal e um alvo terapêutico na neuropatologia, incluindo a doença de Alzheimer). Actas do Academia Nacional de Ciências dos Estados Unidos da América. 2006;103(15):5644-51. doi:10.1073/pnas.0600549103. PMID 16567625.
Hall K, Murrell J, Ogunniyi A, et al. Cholesterol, APOE genotype, and Alzheimer disease: an epidemiologic study of Nigerian Yoruba. Neurology. 2006;66(2):223-227.
doi:10.1212/01.wnl.0000194507.39504.17. PMID 16434658.
Gureje O, Ogunniyi A, Baiyewu O, et al. APOE e4 is not associated with Alzheimer's disease in elderly Nigerians. Annals of Neurology. 2006;59(1):182-185.
doi:10.1002/ana.20694. PMID 16278853.
Lambert JC (dezembro de 2013). "Meta-análise de 74.046 indivíduos identifica 11 novos loci de suscetibilidade para a doença de Alzheimer". Nature Genetics **45** (12): 1452-8.
doi:10.1038/ng.2802. PMC 3896259. PMID 24162737.
Jonsson T, Stefansson H, Steinberg S, et al. Variante do TREM2 associada ao risco de doença de Alzheimer. The New England Journal of Medicine. 2012;368(2):107-16.
doi:10.1056/NEJMoa1211103. PMID 23150908.
Guerreiro R, Wojtas A, Bras J, et al. TREM2 variants in Alzheimer's disease. The New England Journal of Medicine. 2012;368(2):117-27. doi:10.1056/NEJMoa1211851. PMID 23150934.
Francis PT, Palmer AM, Snape M, Wilcock GK. The Cholinergic Hypothesis of Alzheimer's Disease: a Review of Progress. Journal of Neurology, Neurosurgery, and Psychiatry (Jornal de Neurologia, Neurocirurgia e Psiquiatria). 1999;66(2):137-47. doi:10.1136/jnnp.66.2.137. PMID 10071091.
Shen ZX. Brain Cholinesterases: II. A base molecular e celular da doença de Alzheimer. Medical Hypotheses. 2004;63(2):308-21. doi:10.1016/j.mehy.2004.02.031. PMID 15236795.
Wenk GL. Alterações neuropatológicas na doença de Alzheimer. The Journal of Clinical Psychiatry. 2003;64 Suppl 9:7-10. PMID 12934968.
Hardy J, Allsop D. Amyloid Deposition as the Central Event in the Aetiology of Alzheimer's Disease. Trends in Pharmacological Sciences. 1991;12(10):383-88.
doi:10.1016/0165-6147(91)90609-V. PMID 1763432.
Mudher A, Lovestone S. Alzheimer's disease-do tauists and baptists finally shake hands? Tendências em Neurociências. 2002;25(1):22-26. doi: 10.1016/S0166-2236(00)02031 -2. PMID 11801334.
Nistor M, Don M, Parekh M, et al. Alpha- and Beta-secretase Activity as a Function of Age and Beta-amyloid in Down Syndrome and Normal Brain. Neurobiology of Aging. 2007;28(10):1493-1506. doi: 10.1016/j.neurobiolaging.2006.06.023. PMID 16904243.
Lott IT, Head E. Doença de Alzheimer e Síndrome de Down: Factores na Patogénese. Neurobiology of Aging. 2005;26(3):383-89. doi:10.1016/j.neurobiolaging.2004.08.005. PMID 15639317.
Polvikoski T, Sulkava R, Haltia M, et al. Apolipoprotein E, Dementia, and Cortical Deposition of Beta-amyloid Protein. The New England Journal of Medicine. 1995;333(19):1242-47. doi:10.1056/NEJM199511093331902. PMID 7566000.
Ratos transgénicos:
Games D, Adams D, Alessandrini R, et al. Alzheimer-type Neuropathology in Transgenic Mice Overexpressing V717F Beta-amyloid Precursor Protein. Nature. 1995;373(6514):523-27. doi:10.1038/373523a0. PMID 7845465.
Masliah E, Sisk A, Mallory M, Mucke L, Schenk D, Games D. Comparação da patologia neurodegenerativa em ratinhos transgénicos que superexpressam a proteína precursora beta-

amiloide V717F e a doença de Alzheimer. The Journal of Neuroscience. 1996;16(18):5795-811. PMID 8795633.
Hsiao K, Chapman P, Nilsen S, et al. Défices de memória correlativos, elevação de abeta e placas amilóides em ratinhos transgénicos. Science. 1996;274(5284):99-102. doi: 10.1126/science.274.5284.99. PMID 8810256.
Lalonde R, Dumont M, Staufenbiel M, Sturchler-Pierrat C, Strazielle C. Aprendizagem espacial, exploração, ansiedade e coordenação motora em ratinhos transgénicos APP23 femininos com a mutação sueca. Brain Research. 2002;956(1):36-44. doi:10.1016/S0006-8993(02)03476-5. PMID 12426044.
Holmes C, Boche D, Wilkinson D, et al. Long-term Effects of Abeta42 Immunisation in Alzheimer's Disease: Follow-up of a Randomised, Placebo-controlled Phase I Trial (Acompanhamento de um ensaio de fase I aleatório e controlado por placebo). Lancet. 2008;372(9634):216-23. doi:10.1016/S0140-6736(08)61075-2. PMID 18640458.
Lacor PN, Buniel MC, Furlow PW, et al. Aberrações induzidas por oligómeros de Aß na composição, forma e densidade das sinapses fornecem uma base molecular para a perda de conetividade na doença de Alzheimer. The Journal of Neuroscience. 2007;27(4):796-807. doi:10.1523/JNEUR0SCI.3501-06.2007. PMID 17251419.
Laurén J, Gimbel DA, Nygaard HB, Gilbert JW, Strittmatter SM. Cellular Prion Protein Mediates Impairment of Synaptic Plasticity by Amyloid-ß Oligomers. Nature. 2009;457(7233):1128-32. doi:10.1038/nature07761. PMID 19242475.
Jaunmuktane, Z; Mead, S; Ellis, M; Wadsworth, JD; Nicoll, AJ; Kenny, J; Launchbury, F; Linehan, J; Richard-Loendt, A; Walker, AS; Rudge, P; Collinge, J; Brandner, S (10 de setembro de 2015). "Evidência de transmissão humana de patologia amiloide-ß e angiopatia amiloide cerebral". Natureza **525** (7568): 247-50. doi:10.1038/nature15369. PMID 26354483.
Nikolaev A, McLaughlin T, O'Leary DD, Tessier-Lavigne M. APP Binds DR6 to Cause Axon Pruning and Neuron Death via Distinct Caspases. Nature. 19 de fevereiro de 2009;457(7232):981-989. doi:10.1038/nature07767. PMID 19225519.
Goedert M, Spillantini MG, Crowther RA. Tau Proteins and Neurofibrillary Degeneration (Proteínas Tau e Degeneração Neurofibrilar). Brain Pathology. 1991;1(4):279-86. doi: 10.1111/j.1750-3639.1991 .tb00671.x. PMID 1669718.
Iqbal K, Alonso Adel C, Chen S, et al. Tau Pathology in Alzheimer Disease and Other Tauopathies (Patologia da Tau na doença de Alzheimer e outras tauopatias). Biochimica et Biophysica Ata. 2005;1739(2-3):198-210. doi:10.1016/j.bbadis.2004.09.008. PMID 15615638.
Chun W, Johnson GV. The Role of Tau Phosphorylation and Cleavage in Neuronal Cell Death [O papel da fosforilação e clivagem da Tau na morte celular neuronal]. Frontiers in Bioscience. 2007;12:733-56. doi: 10.2741/2097. PMID 17127334.
Deane, R; Zlokovic, BV (abril de 2007). "Papel da barreira hemato-encefálica na patogénese da doença de Alzheimer". Investigação atual sobre Alzheimer **4** (2): 191-7. doi:10.2174/156720507780362245. PMID 17430246.
Itzhaki RF, Wozniak MA. Vírus Herpes Simplex Tipo 1 na Doença de Alzheimer: The Enemy Within. Journal of Alzheimer's Disease. 2008 [Recuperado em 5 de fevereiro de 2011];13(4):393-405. PMID 18487848.
Bibi, F; Yasir, M; Sohrab, SS; Azhar, EI; Al-Qahtani, MH; Abuzenadah, AM; Kamal, MA; Naseer, MI (2014). "Ligação entre inflamação bacteriana crônica e doença de Alzheimer. ". Alvos de drogas do SNC e distúrbios neurológicos **13** (7): 1140-7. doi:10.2174/1871527313666140917115741. PMID 25230225.
Xu H, Finkelstein DI, Adlard PA. Interações entre metais e a apolipoproteína E na doença de Alzheimer. Frontiers Aging Neuroscience. 12 de junho de 2014;6:121. doi:10.3389/fnagi.2014.00121. PMID 24971061. "Embora ainda não saibamos se a disomeostase de iões metálicos presente na DA é uma causa ou consequência da doença, há um crescente conjunto de evidências que mostram uma correlação direta entre iões metálicos e proteínas-chave relacionadas com a DA. "
Shcherbatykh I, Carpenter DO. The Role of Metals in the Etiology of Alzheimer's Disease (O papel dos metais na etiologia da doença de Alzheimer). Journal of Alzheimer's Disease. 2007;11(2):191-205. PMID 17522444.

Santibanez M, Bolumar F, García AM. Factores de risco ocupacional na doença de Alzheimer: Uma revisão que avalia a qualidade dos estudos epidemiológicos publicados. Medicina do Trabalho e do Ambiente. 2007;64(11):723-732. doi: 10.1136/oem.2006.028209. PMID 17525096.
Lidsky, TI (maio de 2014). "A hipótese do alumínio está morta?". Jornal de Medicina Ocupacional e Ambiental **56** (5 Suppl): S73-9. doi:10.1097/jom.0000000000000063. PMID 24806729.
Rondeau V. A Review of Epidemiologic Studies on Aluminum and Silica in Relation to Alzheimer's Disease and Associated Disorders (Uma revisão dos estudos epidemiológicos sobre o alumínio e a sílica em relação à doença de Alzheimer e perturbações associadas). Reviews on Environmental Health. 2002;17(2):107-21. doi:10.1515/REVEH.2002.17.2.107. PMID 12222737.
Brewer GJ. Copper excess, zinc deficiency, and cognition loss in Alzheimer's disease (Excesso de cobre, deficiência de zinco e perda de cognição na doença de Alzheimer). BioFactores. março de 2012;38(2):107-113. doi:10.1002/biof.1005. PMID 22438177.
Kheifets L, Bowman JD, Checkoway H, et al. Future needs of occupational epidemiology of extremely low frequency electric and magnetic fields: review and recommendations. Medicina do Trabalho e do Ambiente. fevereiro de 2009;66(2):72-80. doi: 10.1136/oem.2007.037994. PMID 18805878.
Comité Científico dos Riscos para a Saúde Emergentes e Recentemente Identificados-SCENIHR. Efeitos da exposição aos CEM na saúde. janeiro de 2009 [Recuperado em 27 de abril de 2010]:4-5.
Cataldo JK, Prochaska JJ, Glantz SA. O consumo de cigarros é um fator de risco para a doença de Alzheimer: An analysis controlling for tobacco industry affiliation. Journal of Alzheimer's Disease. 2010;19(2):465-80. doi:10.3233/JAD-2010-1240. PMID 20110594.
Eikelenboom P, van Exel E, Hoozemans JJ, Veerhuis R, Rozemuller AJ, van Gool WA. Neuroinflammation - An Early Event in Both the History and Pathogenesis of Alzheimer's Disease (Neuroinflamação - Um Evento Precoce na História e na Patogénese da Doença de Alzheimer). Neuro-Degenerative Diseases. 2010;7(1-3):38-41. doi: 10.1159/000283480. PMID 20160456.
Bartzokis G. Alzheimer's Disease as Homeostatic Responses to Age-related Myelin Breakdown (A doença de Alzheimer como resposta homeostática à degradação da mielina relacionada com a idade). Neurobiologia do Envelhecimento. agosto de 2011;32(8):1341-71. doi:10.1016/j.neurobiolaging.2009.08.007. PMID 19775776.
Bartzokis G, Lu PH, Mintz J. Quantifying Age-Related Myelin Breakdown with MRI: Novel Therapeutic Targets for Preventing Cognitive Decline and Alzheimer's Disease (Novos alvos terapêuticos para prevenir o declínio cognitivo e a doença de Alzheimer). Journal of Alzheimer's Disease. dezembro de 2004;6(6 Suppl):S53-9. PMID 15665415.
Bartzokis G, Lu PH, Mintz J. Human Brain Myelination and Beta-amyloid Deposition in Alzheimer's Disease (Mielinização do cérebro humano e deposição de beta-amiloide na doença de Alzheimer). Alzheimer's & Dementia. abril de 2007;3(2):122-5. doi:10.1016/j.jalz.2007.01.019. PMID 18596894.
Su B, Wang X, Nunomura A, et al. Oxidative Stress Signaling in Alzheimer's Disease (Sinalização do stress oxidativo na doença de Alzheimer). Current Alzheimer Research. dezembro de 2008;5(6):525-32. doi:10.2174/156720508786898451. PMID 19075578.
Kastenholz B, Garfin DE, Horst J, Nagel KA. Chaperones de metais de plantas: A Novel Perspective in Dementia Therapy. Amyloid: The International Journal of Experimental and Clinical Investigation. 2009;16(2):81-3. doi: 10.1080/13506120902879392. PMID 20536399.
Pohanka M. Alzheimer's Disease and Oxidative Stress: A Review. Química Medicinal Atual. 2013;21(3):356-64. doi:10.2174/09298673113206660258. PMID 24059239.
Pohanka M (2011). "Doença de Alzheimer e distúrbios neurodegenerativos relacionados: implicação e neutralização da melatonina". Jornal de Biomedicina Aplicada **9**: 185-196. doi:10.2478/v10136-011-0003-6.
Heneka MT, Nadrigny F, Regen T, et al. (2010). "O Locus ceruleus controla a patologia da doença de Alzheimer modulando as funções microgliais através da norepinefrina" (PDF). Actas da Academia Nacional de Ciências dos Estados Unidos da América **107** (13): 6058-6063.

doi:10.1073/pnas.0909586107. PMC 2851853. PMID 20231476.
Moulton PV, Yang W. Air Pollution, Oxidative Stress, and Alzheimer's Disease (Poluição do ar, stress oxidativo e doença de Alzheimer). Jornal de Saúde Ambiental e Pública. 2012;2012:472751. doi:10.1155/2012/472751. PMID 22523504.
Braak H, Del Tredici K. Onde, quando e de que forma começa a doença de Alzheimer esporádica? Opinião atual em Neurologia. dezembro de 2012;25(Pt 6):708-14. doi:10.1097/WCO.0b013e32835a3432. PMID 23160422.
Desikan RS, Cabral HJ, Hess CP, et al. Automated MRI Measures Identify Individuals with Mild Cognitive Impairment and Alzheimer's Disease. Brain. agosto de 2009;132(Pt 8):2048-57. doi:10.1093/brain/awp123. PMID 19460794.
Moan R. MRI Software Accurately IDs Preclinical Alzheimer's Disease (Software de RMN identifica com precisão a doença de Alzheimer pré-clínica). Diagnóstico por Imagem. 20 de julho de 2009.
Tiraboschi P, Hansen LA, Thal LJ, Corey-Bloom J. The Importance of Neuritic Plaques and Tangles to the Development and Evolution of AD. Neurology. 2004;62(11):1984-9. doi:10.1212/01.WNL.0000129697.01779.0A. PMID 15184601.
Bouras C, Hof PR, Giannakopoulos P, Michel JP, Morrison JH. Regional Distribution of Neurofibrillary Tangles and Senile Plaques in the Cerebral Cortex of Elderly Patients: A Quantitative Evaluation of a One-year Autopsy Population from a Geriatric Hospital (Avaliação quantitativa de uma população de autópsias de um ano de um hospital geriátrico).
Cerebral Cortex. 1994;4(2):138-50. doi:10.1093/cercor/4.2.138. PMID 8038565.
Kotzbauer PT, Trojanowsk JQ, Lee VM. Lewy Body Pathology in Alzheimer's Disease (Patologia dos Corpos de Lewy na Doença de Alzheimer). Journal of Molecular Neuroscience. 2001;17(2):225-32. doi:10.1385/JMN:17:2:225. PMID 11816795.
Hashimoto M, Rockenstein E, Crews L, Masliah E. Role of Protein Aggregation in Mitochondrial Dysfunction and Neurodegeneration in Alzheimer's and Parkinson's Diseases. Neuromolecular Medicine. 2003;4(1-2):21-36. doi:10.1385/NMM:4:1-2:21. PMID 14528050.
Priller C, Bauer T, Mitteregger G, Krebs B, Kretzschmar HA, Herms J. Synapse Formation and Function is Modulated by the Amyloid Precursor Protein. The Journal of Neuroscience. 2006;26(27):7212-21. doi:10.1523/JNEUR0SCI.1450-06.2006. PMID 16822978.
Turner PR, O'Connor K, Tate WP, Abraham WC. Roles of Amyloid Precursor Protein and its Fragments in Regulating Neural Activity, Plasticity and Memory [Funções da Proteína Precursora Amiloide e dos seus Fragmentos na Regulação da Atividade Neural, Plasticidade e Memória]. Progress in Neurobiology. 2003;70(1):1-32. doi:10.1016/S0301-0082(03)00089-3. PMID 12927332.
Hooper NM. Roles of Proteolysis and Lipid Rafts in the Processing of the Amyloid Precursor Protein and Prion Protein. Biochemical Society Transactions. 2005;33(Pt 2):335-8. doi:10.1042/BST0330335. PMID 15787600.
Ohnishi S, Takano K. Amyloid Fibrils from the Viewpoint of Protein Folding. Cellular and Molecular Life Sciences. 2004;61(5):511-24. doi:10.1007/s00018-003-3264-8. PMID 15004691.
Hernández F, Avila J. Tauopatias. Cellular and Molecular Life Sciences. 2007;64(17):2219-33. doi:10.1007/s00018-007-7220-x. PMID 17604998.
Van Broeck B, Van Broeckhoven C, Kumar-Singh S. Current Insights into Molecular Mechanisms of Alzheimer Disease and Their Implications for Therapeutic Approaches (Conhecimento atual dos mecanismos moleculares da doença de Alzheimer e suas implicações para as abordagens terapêuticas).
Doenças Neuro-Degenerativas. 2007;4(5):349-65. doi: 10.1159/000105156. PMID 17622778.
Huang Y, Mucke L. Alzheimer Mechanisms and Therapeutic strategies (Mecanismos de Alzheimer e estratégias terapêuticas). Cell. 2012;148(6):1204-22. doi:10.1016/j.cell.2012.02.040. PMID 22424230.
Yankner BA, Duffy LK, Kirschner DA. Neurotrophic and Neurotoxic Effects of Amyloid Beta Protein: Reversão por Neuropeptídeos de Taquicinina. Science. 1990;250(4978):279-82. doi:10.1126/science.2218531. PMID 2218531.
Chen X, Yan SD. Mitochondrial Abeta: A Potential Cause of Metabolic Dysfunction in Alzheimer's Disease. IUBMB Life. 2006;58(12):686-94. doi: 10.1080/15216540601047767. PMID 17424907.

Greig NH, Mattson MP, Perry T, et al. New Therapeutic Strategies and Drug Candidates for Neurodegenerative Diseases: p53 and TNF-alpha Inhibitors, and GLP-1 Recetor Agonists. Anais da Academia de Ciências de Nova Iorque. 2004;1035:290-315. doi: 10.1196/annals.1332.018. PMID 15681814.
Heneka MT (abril de 2015). "Neuroinflamação na doença de Alzheimer". Lancet Neurology **14** (4): 388-405. doi:10.1016/S1474-4422(15)70016-5. PMID 25792098.
Tapia-Arancibia L, Aliaga E, Silhol M, Arancibia S. New insights into brain BDNF function in normal aging and Alzheimer disease. Brain Research Reviews. 2008;59(1):201- 20. doi:10.1016/j.brainresrev.2008.07.007. PMID 18708092.
Schindowski K, Belarbi K, Buée L. Neurotrophic factors in Alzheimer's disease: role of axonal transport. Genes, Brain, and Behavior. 2008;7(Suppl 1):43-56. doi:10.1111/j.1601-183X.2007.00378.x. PMID 18184369.
Mendez MF. O diagnóstico exato da demência de início precoce. Revista Internacional de Psiquiatria em Medicina. 2006;36(4):401-412. doi:10.2190/Q6J4-R143-P630-KW41. PMID 17407994.
Klafki HW, Staufenbiel M, Kornhuber J, Wiltfang J. Therapeutic Approaches to Alzheimer's Disease. Brain. 2006;129(Pt 11):2840-55. doi:10.1093/brain/awl280. PMID 17018549.
Demência: Quick Reference Guide (PDF). Londres: (Reino Unido) Instituto Nacional de Saúde e Excelência Clínica. novembro de 2006. ISBN 1-84629-312-X. Arquivado (PDF) do original em 27 de fevereiro de 2008. Recuperado em 22 de fevereiro de 2008.
Schroeter ML, Stein T, Maslowski N, Neumann J. Neural Correlates of Alzheimer's Disease and Mild Cognitive Impairment (Correlatos Neurais da Doença de Alzheimer e Défice Cognitivo Ligeiro): A Systematic and Quantitative Meta-Analysis involving 1,351 Patients. NeuroImage. 2009;47(4):1196-1206. doi:10.1016/j.neuroimage.2009.05.037. PMID 19463961.
McKhann G, Drachman D, Folstein M, et al. Clinical Diagnosis of Alzheimer's Disease (Diagnóstico Clínico da Doença de Alzheimer): Report of the NINCDS-ADRDA Work Group under the Auspices of Department of Health and Human Services Task Force on Alzheimer's Disease. Neurology. 1984;34(7):939-44. doi:10.1212/wnl.34.7.939. PMID 6610841.
Dubois B, Feldman HH, Jacova C, et al. Research Criteria for the Diagnosis of Alzheimer's Disease (Critérios de Investigação para o Diagnóstico da Doença de Alzheimer): Revisão dos Critérios NINCDS-ADRDA. Lancet Neurology. 2007;6(8):734-46. doi:10.1016/S1474-4422(07)70178-3. PMID 17616482.
Blacker D, Albert MS, Bassett SS, et al. Fiabilidade e validade dos critérios NINCDS-ADRDA para a doença de Alzheimer. A Iniciativa Genética do Instituto Nacional de Saúde Mental. Archives of Neurology. 1994;51(12):1198-204. doi: 10.1001 /archneur. 1994.00540240042014. PMID 7986174.
Associação Americana de Psiquiatria (2000). Manual de diagnóstico e estatística das perturbações mentais: DSM-IV-TR (4ª edição, revisão de texto). Washington, DC: Associação Americana de Psiquiatria. ISBN 0-89042-025-4.
Ito N. [Aspectos clínicos da demência]. Hokkaido Igaku Zasshi. 1996;71(3):315-20. Japonês. PMID 8752526.
Tombaugh TN, McIntyre NJ. The mini-mental state examination: a comprehensive review. Journal of the American Geriatrics Society. 1992;40(9):922-35. doi:10.1111/j.1532-5415.1992.tb01992.x. PMID 1512391.
Pasquier F. Diagnóstico precoce da demência: neuropsicologia. Journal of Neurology. 1999;246(1):6-15. doi: 10.1007/s004150050299. PMID 9987708.
Harvey PD, Moriarty PJ, Kleinman L, et al. The Validation of a Caregiver Assessment of Dementia: the Dementia Severity Scale. Alzheimer Disease and Associated Disorders. 2005;19(4):186-94. doi:10.1097/01.wad.0000189034.43203.60. PMID 16327345.
Antoine C, Antoine P, Guermonprez P, Frigard B. Awareness of Deficits and Anosognosia in Alzheimer's Disease. L'Encéphale. 2004;30(6):570-7. Francês. doi:10.1016/S0013-7006(04)95472-3. PMID 15738860.
Cruz VT, Pais J, Teixeira A, Nunes B. Os Sintomas Iniciais da Doença de Alzheimer: A perceção do cuidador. Ata Médica Portuguesa. 2004;17(6):435-44. Português. PMID 16197855.
Clarfield AM. The Decreasing Prevalence of Reversible Dementias: An Updated Metaanalysis.

Archives of Internal Medicine. 2003;163(18):2219-29. doi:10.1001/archinte.163.18.2219. PMID 14557220.
Sun X, Steffens DC, Au R, et al. Amyloid-Associated Depression: Uma depressão prodrómica da doença de Alzheimer? Archives of General Psychiatry (Arquivos de Psiquiatria Geral). 2008;65(5):542-550. doi:10.1001/archpsyc.65.5.542. PMID 18458206. PMC 3042807.
Geldmacher DS, Whitehouse PJ. Differential Diagnosis of Alzheimer's Disease (Diagnóstico Diferencial da Doença de Alzheimer). Neurology. 1997;48(5 Suppl 6):S2-9. doi:10.1212/WNL.48.5 Suppl 6.2S. PMID 9153154.
Potter GG, Steffens DC. Contribution of Depression to Cognitive Impairment and Dementia in Older adults. The Neurologist. 2007;13(3):105-17. doi:10.1097/01.nrl.0000252947.15389.a9. PMID 17495754.
Chong MS, Sahadevan S. Preclinical Alzheimer's disease: diagnosis and prediction of progression (Doença de Alzheimer pré-clínica: diagnóstico e previsão da progressão). Lancet Neurology. 1 de setembro de 2005 [Recuperado em 7 de abril de 2014];4(9):576-9. doi:10.1016/s1474-4422(05)70168-x. PMID 16109364.
Marksteiner J, Hinterhuber H, Humpel C. Biomarcadores do fluido cerebrospinal para o diagnóstico da doença de Alzheimer: Beta-amiloide(1-42), Tau, Phospho-tau-181 e Proteína Total. Drogas de Hoje. 2007;43(6):423-31. doi:10.1358/dot.2007.43.6.1067341. PMID 17612711.
De Meyer G, Shapiro F, Vanderstichele H, et al. Assinatura de biomarcadores da doença de Alzheimer independente do diagnóstico em idosos cognitivamente normais. Archives of Neurology. 2010;67(8):949-56. doi:10.1001/archneurol.2010.179. PMID 20697045.
Sui X, Liu J, Yang X (2014). "Biomarcadores do fluido cerebrospinal da doença de Alzheimer". Boletim de Neurociência (Revisão) **30** (2): 233-42. doi:10.1007/s12264-013-1412-1. PMID 24733653.
Recomendações de prevenção não apoiadas:
Kawas CH. Medicamentos e dieta: Factores de proteção para a doença de Alzheimer? Alzheimer Disease and Associated Disorders. 2006;20(3 Suppl 2):S89-96. doi: 10.1097/00002093200607001-00014. PMID 16917203.
Luchsinger JA, Mayeux R. Dietary Factors and Alzheimer's Disease (Factores dietéticos e doença de Alzheimer). Lancet Neurology. 2004;3(10):579-87. doi: 10.1016/S1474-4422(04)00878-6. PMID 15380154.
Luchsinger JA, Noble JM, Scarmeas N. Diet and Alzheimer's Disease (Dieta e Doença de Alzheimer). Current Neurology and Neuroscience Reports. 2007;7(5):366-72. doi:10.1007/s11910-007- 0057-8. PMID 17764625.
"Painel independente considera que não há provas suficientes para apoiar medidas preventivas para a doença de Alzheimer" (Comunicado de imprensa). Institutos Nacionais de Saúde. 28 de abril de 2010.
Daviglus ML, et al. (26-28 de abril de 2010). "Conferência NIH sobre o estado da ciência: Prevenir a doença de Alzheimer e o declínio cognitivo".
Szekely CA, Breitner JC, Zandi PP. Prevention of Alzheimer's Disease (Prevenção da doença de Alzheimer). International Review of Psychiatry. 2007;19(6):693-706. doi: 10.1080/09540260701797944. PMID 18092245.
Patterson C, Feightner JW, Garcia A, et al. Diagnosis and Treatment of Dementia: 1. Risk Assessment and Primary Prevention of Alzheimer Disease. Jornal da Associação Médica Canadiana. 2008;178(5):548-56. doi:10.1503/cmaj.070796. PMID 18299540.
Rosendorff C, Beeri MS, Silverman JM. Cardiovascular Risk Factors for Alzheimer's Disease (Factores de Risco Cardiovascular para a Doença de Alzheimer). O Jornal Americano de Cardiologia Geriátrica. 2007;16(3):143-9. doi: 10.1111/j.1076-7460.2007.06696.x. PMID 17483665.
Reiss AB, Wirkowski E. Role of HMG-CoA Reductase Inhibitors in Neurological Disorders: Progress to Date. Drugs. 2007;67(15):2111-20. doi: 10.2165/00003495200767150-00001. PMID 17927279.
Kuller LH. Statins and Dementia. Current Atherosclerosis Reports. 2007;9(2):154-61. doi:10.1007/s11883-007-0012-9. PMID 17877925.
McGuinness, B; Craig, D; Bullock, R; Malouf, R; Passmore, P (8 de julho de 2014). "Estatinas para o tratamento da demência.". A Base de Dados Cochrane de Revisões Sistemáticas **7**:

CD007514. doi: 10.1002 / 14651858.CD007514.pub3. PMID 25004278.
Szekely CA, Town T, Zandi PP. NSAIDs for the Chemoprevention of Alzheimer's Disease (AINEs para a quimioprevenção da doença de Alzheimer). Sub-Cellular Biochemistry. 2007;42:229-48. doi:10.1007/1-4020-5688-5 11. PMID 17612054.
Hoozemans JJ, Veerhuis R, Rozemuller JM, Eikelenboom P (fevereiro de 2011). "Acalmar o cérebro inflamado: efeito dos anti-inflamatórios não esteróides na patologia da doença de Alzheimer". CNS & Neurological Disorders Drug Targets **10** (1): 57-67. doi: 10.2174/187152711794488665. PMID 21143138.
Marjoribanks J, Farquhar C, Roberts H, Lethaby A. Long term hormone therapy for perimenopausal and postmenopausal women. A Base de Dados Cochrane de Revisões Sistemáticas. 2012;7:CD004143. doi:10.1002/14651858.CD004143.pub4. PMID 22786488.
Stern Y. Cognitive reserve and Alzheimer disease (Reserva cognitiva e doença de Alzheimer). Alzheimer Disease and Associated Disorders (Doença de Alzheimer e Distúrbios Associados). July 2006;20(2):112-117. doi:10.1097/01.wad.0000213815.20177.19. PMID 16917199.
Paradise M, Cooper C, Livingston G. Systematic Review of the Effect of Education on Survival in Alzheimer's Disease (Revisão sistemática do efeito da educação na sobrevivência da doença de Alzheimer). International Psychogeriatrics. 2009;21(1):25-32. doi:10.1017/S1041610208008053. PMID 19026089.
Neergaard, Lauran (19 de fevereiro de 2011). "Falar 2 línguas pode atrasar o aparecimento da doença de Alzheimer". The Denver Post. Associated Press.
Hu N, Yu JT, Tan L, et al. Nutrition and the Risk of Alzheimer's Disease. BioMed Research International. 2013;2013. doi: 10.1155/2013/524820. PMID 23865055.
Solfrizzi V, Panza F, Frisardi V, et al. Dieta e factores de risco ou prevenção da doença de Alzheimer: as provas actuais. Revisão de Especialistas em Neuroterapêutica. maio de 2011;11(5):677- 708. doi:10.1586/ern.11.56. PMID 21539488.
Kanoski SE, Davidson TL. Western diet consumption and cognitive impairment: links to hippocampal dysfunction and obesity. Physiology & Behavior. 18 de abril de 2011;103(1):59-68. doi:10.1016/j.physbeh.2010.12.003. PMID 21167850.
Solfrizzi V, Capurso C, D'Introno A, et al. Lifestyle-related Factors in Predementia and Dementia Syndromes. Expert Review of Neurotherapeutics. 2008;8(1):133-58. doi:10.1586/14737175.8.1.133. PMID 18088206.
Panza F, Capurso C, D'Introno A, et al. Alcohol Drinking, Cognitive Functions in Older Age, Predementia, and Dementia Syndromes. Journal of Alzheimer's Disease. maio de 2009;17(1):7-31. doi:10.3233/JAD-2009-1009. PMID 19494429.
Santos C, Costa J, Santos J, Vaz-Carneiro A, Lunet N. Caffeine intake and dementia: systematic review and meta-analysis. Journal of Alzheimer's Disease. 2010;20 Suppl 1:S187- 204. doi:10.3233/JAD-2010-091387. PMID 20182026.
Nehlig A. The neuroprotective effects of cocoa flavanol and its influence on cognitive performance. Jornal Britânico de Farmacologia Clínica. julho de 2012;75(3):n/a-n/a. doi:10.1111/j.1365-2125.2012.04378.x. PMID 22775434.
Stoclet JC, Schini-Kerth V. [Os flavonóides alimentares e a saúde humana]. Annales Pharmaceutiques Françaises. março de 2011;69(2):78-90. doi:10.1016/j.pharma.2010.11.004. PMID 21440100.
Ono K, Yamada M. Vitamin A and Alzheimer's disease. Geriatrics & Gerontology International. abril de 2012;12(2):180-8. doi: 10.1111/j.1447-0594.2011.00786.x. PMID 22221326.
Lerner AJ, Gustaw-Rothenberg K, Smyth S, Casadesus G. Retinoids for treatment of Alzheimer's disease (Retinóides para o tratamento da doença de Alzheimer). BioFactores. Mar-abril 2012;38(2):84-9. doi: 10.1002/biof. 196. PMID 22419567.
Heo JH, Lee KM. The possible role of antioxidant vitamin C in Alzheimer's disease treatment and prevention (O possível papel da vitamina C antioxidante no tratamento e prevenção da doença de Alzheimer). Jornal Americano da Doença de Alzheimer e Outras Demências. março de 2013;28(2):120-5. doi:10.1177/1533317512473193. PMID 23307795.
Boothby LA, Doering PL. Vitamin C and Vitamin E for Alzheimer's Disease. The Annals of Pharmacotherapy. 2005;39(12):2073-80. doi:10.1345/aph.1E495. PMID 16227450.
Farina, N; Isaac, MG; Clark, AR; Rusted, J; Tabet, N (14 de novembro de 2012). "Vitamina E para demência de Alzheimer e comprometimento cognitivo leve.". A Base de Dados Cochrane

de Revisões Sistemáticas **11**: CD002854. doi: 10.1002 / 14651858.CD002854.pub3. PMID 23152215.
Loef M, Schrauzer GN, Walach H. Selénio e doença de Alzheimer: uma revisão sistemática. Journal of Alzheimer's Disease. 2011;26(1):81-104. doi:10.3233/JAD-2011-110414. PMID 21593562.
Loef M, von Stillfried N, Walach H. Zinc diet and Alzheimer's disease: a systematic review. Nutritional Neuroscience. 1 de setembro de 2012;15(5):2-12. doi: 10.1179/1476830512Y.0000000010. PMID 22583839.
Malouf R, Grimley Evans J. Folic Acid with or without Vitamin B12 for the Prevention and Treatment of Healthy Elderly and Demented people (Ácido fólico com ou sem vitamina B12 para a prevenção e tratamento de idosos saudáveis e pessoas com demência). A Base de Dados Cochrane de Revisões Sistemáticas. 2008;(4):CD004514. doi:10.1002/14651858.CD004514.pub2. PMID 18843658.
Wald DS, Kasturiratne A, Simmonds M. Effect of Folic Acid, with or without other B vitamins, on Cognitive Decline: Meta-analysis of Randomized trials (Meta-análise de ensaios aleatórios). The American Journal of Medicine. June 2010;123(6):522-527.e2. doi:10.1016/j.amjmed.2010.01.017. PMID 20569758.
Cunnane SC, Chouinard-Watkins R, Castellano CA, Barberger-Gateau P. Homeostase do ácido docosahexaenóico, envelhecimento cerebral e doença de Alzheimer: Can we reconcile the evidence? Prostaglandinas, Leucotrienos e Ácidos Gordos Essenciais. janeiro de 2013;88(1):61-70. doi:10.1016/j.plefa.2012.04.006. PMID 22575581.
Hamaguchi T, Ono K, Yamada M. REVISÃO: Curcumin and Alzheimer's disease. CNS Neuroscience & Therapeutics. outubro de 2010;16(5):285-97. doi:10.1111/j.1755-5949.2010.00147.x. PMID 20406252.
Birks J, Grimley Evans J. Ginkgo Biloba for Cognitive Impairment and Dementia. A Base de Dados Cochrane de Revisões Sistemáticas. 2009;(1):CD003120. doi:10.1002/14651858.CD003120.pub3. PMID 19160216.
Krishnan S, Cairns R, Howard R. Cannabinoids for the treatment of dementia (Canabinóides para o tratamento da demência). A Base de Dados Cochrane de Revisões Sistemáticas. 2009;(2):CD007204. doi:10.1002/14651858.CD007204.pub2. PMID 19370677.
Bilkei-Gorzo A. O sistema endocanabinóide no envelhecimento normal e patológico do cérebro. Philosophical Transactions of the Royal Society of London B. 2012;367(1607):3326-41. doi:10.1098/rstb.2011.0388. PMID 23108550.
Pohanka M. Cholinesterases, a target of pharmacology and toxicology. Documentos Biomédicos da Faculdade de Medicina da Universidade Palacky, Olomouc, República Checa. 2011;155(3):219-229. doi:10.5507/bp.2011.036. PMID 22286807.
Comissão da Transparência. Médicaments de la maladie d'Alzheimer [Medicamentos para a doença de Alzheimer: a evitar. Sem vantagem terapêutica]. Prescrire International. junho de 2012;21(128):150. PMID 22822592.
Birks J, Harvey RJ. Donepezil para a demência devida à doença de Alzheimer. A Base de Dados Cochrane de Revisões Sistemáticas. 25 de janeiro de 2006;(1):CD001190. doi:10.1002/14651858.CD001190.pub2. PMID 16437430.
Geula C, Mesulam MM. Cholinesterases and the pathology of Alzheimer disease. Alzheimer Disease and Associated Disorders. 1995;9 Suppl 2:23-28. doi: 10.1097/00002093199501002-00005. PMID 8534419.
Stahl SM. Os novos inibidores da colinesterase para a doença de Alzheimer, parte 2: ilustrando os seus mecanismos de ação. The Journal of Clinical Psychiatry. 2000;61(11):813-814. doi:10.4088/JCP.v61n1101. PMID 11105732.
Birks J. Cholinesterase inhibitors for Alzheimer's disease (Inibidores da colinesterase para a doença de Alzheimer). A Base de Dados Cochrane de Revisões Sistemáticas. 2006;(1):CD005593. doi:10.1002/14651858.CD005593. PMID 16437532.
Birks J, Grimley Evans J, Iakovidou V, Tsolaki M, Holt FE. Rivastigmine for Alzheimer's disease. A Base de Dados Cochrane de Revisões Sistemáticas. 15 de abril de 2009;(2):CD001191. doi:10.1002/14651858.CD001191.pub2. PMID 19370562.
Raschetti R, Albanese E, Vanacore N, Maggini M. Inibidores da colinesterase no défice cognitivo ligeiro: uma revisão sistemática de ensaios aleatórios. PLoS Medicine.

2007;4(11):e338. doi:10.1371/journal.pmed.0040338. PMID 18044984.
al.], editado por Brian K. Alldredge ... [et (2013). Terapêutica aplicada: o uso clínico de medicamentos (10ª ed.). Baltimore: Wolters Kluwer Health/Lippincott Williams & Wilkins. p. 2385. ISBN 978-1609137137.
Lipton SA. Mudança de paradigma na neuroprotecção por bloqueio dos receptores NMDA: memantina e mais além. Nature Reviews. Drug Discovery. 2006;5(2):160-170. doi:10.1038/nrd1958. PMID 16424917.
"Memantina". Biblioteca Nacional de Medicina dos EUA (Medline). 4 de janeiro de 2004. Arquivado do original em 22 de fevereiro de 2010. Recuperado em 3 de fevereiro de 2010.
McShane, R; Areosa Sastre, A; Minakaran, N (19 de abril de 2006). "Memantina para a demência". A Base de Dados Cochrane de Revisões Sistemáticas (2): CD003154. doi:10.1002/14651858.CD003154.pub5. PMID 16625572.
"Informação sobre a prescrição de Namenda" (PDF). Forest Pharmaceuticals. Arquivado (PDF) do original em 27 de fevereiro de 2008. Recuperado em 19 de fevereiro de 2008. (fonte primária)
Raina P, Santaguida P, Ismaila A, et al. Effectiveness of cholinesterase inhibitors and memantine for treating dementia: evidence review for a clinical practice guideline. Annals of Internal Medicine. 2008;148(5):379-397. doi:10.7326/0003-4819-148-5-200803040-00009. PMID 18316756.
Ballard C, Waite J. The Effectiveness of Atypical Antipsychotics for the Treatment of Aggression and Psychosis in Alzheimer's Disease (A eficácia dos antipsicóticos atípicos no tratamento da agressão e da psicose na doença de Alzheimer). A Base de Dados Cochrane de Revisões Sistemáticas. 2006;(1):CD003476. doi:10.1002/14651858.CD003476.pub2. PMID 16437455.
Ballard C, Hanney ML, Theodoulou M, et al. O ensaio de retirada de antipsicóticos para a demência (DART-AD): Long-term Follow-up of a Randomised Placebo-controlled Trial (Acompanhamento a longo prazo de um ensaio aleatório controlado por placebo). Lancet Neurology. 9 de janeiro de 2009;8(2):151-7. doi: 10.1016/S1474-4422(08)70295-3. PMID 19138567. Resumo para leigos.
Declercq, T; Petrovic, M; Azermai, M; Vander Stichele, R; De Sutter, AI; van Driel, ML; Christiaens, T (28 de março de 2013). "Retirada versus continuação de medicamentos antipsicóticos crónicos para sintomas comportamentais e psicológicos em idosos com demência.". A base de dados Cochrane de revisões sistemáticas **3**: CD007726. doi:10.1002/14651858.CD007726.pub2. PMID 23543555.
Li J, Wu HM, Zhou RL, Liu GJ, Dong BR. Huperzine A para a doença de Alzheimer. A Base de Dados Cochrane de Revisões Sistemáticas. 2008;(2):CD005592. doi:10.1002/14651858.CD005592.pub2. PMID 18425924.
Rabins PV, Blacker D, Rovner BW, et al. American Psychiatric Association practice guideline for the treatment of patients with Alzheimer's disease and other dementias. The American Journal of Psychiatry. dezembro de 2007;164(12 Suppl):5-56. PMID 18340692.
Bottino CM, Carvalho IA, Alvarez AM, et al. Reabilitação cognitiva combinada com tratamento medicamentoso em pacientes com doença de Alzheimer: um estudo piloto. Reabilitação Clínica. 2005;19(8):861-869. doi:10.1191/0269215505cr911oa. PMID 16323385.
Doody RS, Stevens JC, Beck C, et al. Practice parameter: management of dementia (an evidence-based review). Relatório do Subcomité de Normas de Qualidade da Academia Americana de Neurologia. Neurology. 2001;56(9):1154-1166. doi:10.1212/WNL.56.9.1154. PMID 11342679.
Hermans DG, Htay UH, McShane R. Intervenções não farmacológicas para a deambulação de pessoas com demência no ambiente doméstico. A Base de Dados Cochrane de Revisões Sistemáticas. 2007;(1):CD005994. doi:10.1002/14651858.CD005994.pub2. PMID 17253573.
Robinson L, Hutchings D, Dickinson HO, et al. Eficácia e aceitabilidade das intervenções não farmacológicas para reduzir a deambulação na demência: uma revisão sistemática.
Jornal Internacional de Psiquiatria Geriátrica. 2007;22(1):9-22. doi:10.1002/gps.1643. PMID 17096455.
Woods B, Spector A, Jones C, Orrell M, Davies S. Reminiscence therapy for dementia (Terapia da reminiscência para a demência). A Base de Dados Cochrane de Revisões Sistemáticas. 2005;(2):CD001120.

doi:10.1002/14651858.CD001120.pub2. PMID 15846613.
Zetteler J. Effectiveness of simulated presence therapy for individuals with dementia: a systematic review and meta-analysis (Eficácia da terapia de presença simulada para indivíduos com demência: uma revisão sistemática e meta-análise). Aging & Mental Health. novembro de 2008;12(6):779-85. doi: 10.1080/13607860802380631. PMID 19023729.
Neal M, Briggs M. Validation therapy for dementia (Terapia de validação para demência). A Base de Dados Cochrane de Revisões Sistemáticas. 2003;(3):CD001394. doi:10.1002/14651858.CD001394. PMID 12917907.
Chung JC, Lai CK, Chung PM, French HP. Snoezelen para a demência. A Base de Dados Cochrane de Revisões Sistemáticas. 2002;(4):CD003152. doi:10.1002/14651858.CD003152. PMID 12519587. (atualizado a partir de 2009)
Spector A, Orrell M, Davies S, Woods B. Retirado: orientação para a realidade no tratamento da demência. A Base de Dados Cochrane de Revisões Sistemáticas. 2000;(3):CD001119. doi:10.1002/14651858.CD001119.pub2. PMID 17636652.
Spector A, Thorgrimsen L, Woods B, et a;. Efficacy of an evidence-based cognitive stimulation therapy programme for people with dementia: randomised controlled trial. The British Journal of Psychiatry. 2003;183(3):248-254. doi:10.1192/bjp.183.3.248. PMID 12948999.
Gitlin LN, Corcoran M, Winter L, Boyce A, Hauck WW. A Randomized, Controlled Trial of a Home Environmental Intervention: Effect on Efficacy and Upset in Caregivers and on Daily Function of Persons with Dementia. The Gerontologist. 1 de fevereiro de 2001 [Obtido em 15 de julho de 2008];41(1):4-14. doi:10.1093/geront/41.1.4. PMID 11220813.
Gitlin LN, Hauck WW, Dennis MP, Winter L. Maintenance of Effects of the Home Environmental Skill-building Program for Family Caregivers and Individuals with Alzheimer's Disease and Related Disorders. The Journals of Gerontology. Série A, Ciências Biológicas e Ciências Médicas. 2005;60(3):368-74. doi:10.1093/gerona/60.3.368. PMID 15860476.
"Tratamento de sintomas comportamentais e psiquiátricos". Associação de Alzheimer. 2006. Arquivado do original em 25 de setembro de 2006. Recuperado em 25 de setembro de 2006.
Dunne TE, Neargarder SA, Cipolloni PB, Cronin-Golomb A. Visual Contrast Enhances Food and Liquid Intake in Advanced Alzheimer's Disease. Clinical Nutrition (Edinburgh, Escócia). 2004;23(4):533-538. doi:10.1016/j.clnu.2003.09.015. PMID 15297089.
Dudek, Susan G. (2007). Nutrition Essentials for Nursing Practice (Fundamentos de Nutrição para a Prática de Enfermagem). Hagerstown, Maryland: Lippincott Williams & Wilkins. p. 360. ISBN 0-7817-6651-6. Recuperado em 19 de agosto de 2008.
Dennehy C. Análise dos direitos dos doentes: Demência e inserção de PEG. British Journal of Nursing. 2006;15(1):18-20. doi:10,12968/bjon,2006,15.1.20303. PMID 16415742.
Chernoff R. Tube Feeding Patients with Dementia (Alimentação por sonda para doentes com demência). Nutrition in Clinical Practice. 2006;21(2):142-6. doi:10.1177/0115426506021002142. PMID 16556924.
Gambassi G, Landi F, Lapane KL, Sgadari A, Mor V, Bernabei R. Predictors of Mortality in Patients with Alzheimer's Disease Living in Nursing Homes. Journal of Neurology, Neurosurgery, and Psychiatry (Jornal de Neurologia, Neurocirurgia e Psiquiatria). 1999;67(1):59-65. doi:10.1136/jnnp.67.1.59. PMID 10369823.
Questões médicas:
Head B. Palliative Care for Persons with Dementia (Cuidados paliativos para pessoas com demência). Home Healthcare Nurse. 2003;21(1):53-60; quiz 61. doi: 10.1097/00004045-200301000-00012. PMID 12544465.
Friedlander AH, Norman DC, Mahler ME, Norman KM, Yagiela JA. Doença de Alzheimer: Psychopathology, Medical Management and Dental Implications (Psicopatologia, Gestão Médica e Implicações Dentárias). Journal of the American Dental Association. 2006;137(9):1240-51. PMID 16946428.
Belmin J. Practical Guidelines for the Diagnosis and Management of Weight Loss in Alzheimer's Disease: A Consensus from Appropriateness Ratings of a Large Expert Panel. The Journal of Nutrition, Health & Aging. 2007;11(1):33-7. PMID 17315078.
McCurry SM, Gibbons LE, Logsdon RG, Vitiello M, Teri L. Training Caregivers to Change the Sleep Hygiene Practices of Patients with Dementia (Treinamento de cuidadores para mudar as práticas de higiene do sono de pacientes com demência): The NITE-AD Project. Journal of the American Geriatrics Society. 2003;51(10):1455-60. doi:10.1046/j.1532-5415.2003.51466.x.

PMID 14511168.
Perls TT, Herget M. Higher Respiratory Infection Rates on an Alzheimer's Special Care Unit and successful intervention (Taxas de Infeção Respiratória mais elevadas numa Unidade de Cuidados Especiais de Alzheimer e intervenção bem sucedida). Journal of the American Geriatrics Society. 1995;43(12):1341-4. doi:10.1111/j.1532-5415.1995.tb06611.x. PMID 7490383.
Shega JW, Levin A, Hougham GW, et al. Palliative Excellence in Alzheimer Care Efforts (PEACE): Uma descrição do programa. Journal of Palliative Medicine. 2003;6(2):315-20. doi: 10.1089/109662103764978641. PMID 12854952.
Sampson EL, Candy B, Jones L (2009). "Alimentação por sonda enteral para pessoas idosas com demência avançada (Revisão de Intervenção)". A Base de Dados Cochrane de Revisões Sistemáticas (2): CD007209. doi:10.1002/14651858.CD007209.pub2. PMID 19370678.
Mölsä PK, Marttila RJ, Rinne UK. Survival and Cause of Death in Alzheimer's Disease and Multi-Infarct Dementia (Sobrevivência e Causa de Morte na Doença de Alzheimer e Demência Multi-Infarto). Ata Neurologica Scandinavica. 1986;74(2):103-7. doi: 10.1111/j.1600-0404.1986.tb04634.x. PMID 3776457.
Bowen JD, Malter AD, Sheppard L, et al. Predictors of Mortality in Patients Diagnosed with Probable Alzheimer's Disease (Preditores de mortalidade em pacientes diagnosticados com provável doença de Alzheimer). Neurology. 1996;47(2):433-9. doi:10.1212/wnl.47.2.433. PMID 8757016.
Dodge HH, Shen C, Pandav R, DeKosky ST, Ganguli M. Functional Transitions and Active Life Expectancy Associated with Alzheimer Disease. Archives of Neurology. 2003;60(2):253-9. doi:10.1001/archneur.60.2.253. PMID 12580712.
Molsa PK, Marttila RJ, Rinne UK. Long-Term Survival and Predictors of Mortality in Alzheimer's Disease and Multi-Infarct Dementia (Sobrevivência a Longo Prazo e Preditores de Mortalidade na Doença de Alzheimer e Demência Multi-Infarto). Ata Neurologica Scandinavica. 1995;91(3):159-64. doi:10.1111/j. 1600-0404.1995.tb00426.x. PMID 7793228.
Larson EB, Shadlen MF, Wang L, et al. Sobrevivência após o diagnóstico inicial da doença de Alzheimer. Annals of Internal Medicine. 2004;140(7):501-9. doi: 10.7326/0003-4819-140-7200404060-00008. PMID 15068977.
Jagger C, Clarke M, Stone A. Predictors of Survival with Alzheimer's Disease: A Community-based Study. Psychological Medicine. 1995;25(1):171-7. doi:10.1017/S0033291700028191. PMID 7792352.
Ganguli M, Dodge HH, Shen C, Pandav RS, DeKosky ST. Alzheimer Disease and Mortality: Um estudo epidemiológico de 15 anos. Archives of Neurology. 2005;62(5):779-84. doi:10.1001/archneur.62.5.779. PMID 15883266.
Bermejo-Pareja F, Benito-León J, Vega S, Medrano MJ, Román GC. Incidência e subtipos de demência em três populações idosas do centro de Espanha. Journal of the Neurological Sciences. 2008;264(1-2):63-72. doi:10.1016/j.jns.2007.07.021. PMID 17727890.
Di Carlo A, Baldereschi M, Amaducci L, et al. Incidência da demência, da doença de Alzheimer e da demência vascular em Itália. The ILSA Study. Journal of the American Geriatrics Society. 2002;50(1):41-8. doi:10.1046/j.1532-5415.2002.50006.x. PMID 12028245.
Andersen K, Launer LJ, Dewey ME, et al. Gender Differences in the Incidence of AD and Vascular Dementia: The EURODEM Studies. Grupo de Investigação de Incidências do EURODEM. Neurology. 1999;53(9):1992-7. doi:10.1212/wnl.53.9.1992. PMID 10599770.
Tejada-Vera B. (2013). Mortalidade por doença de Alzheimer nos Estados Unidos: Data for 2000 and 2010. Hyattsville, MD: Departamento de Saúde e Serviços Humanos dos EUA, Centros de Controlo e Prevenção de Doenças, Centro Nacional de Estatísticas da Saúde.
Estimativas de 2000 dos EUA:
Hebert LE, Scherr PA, Bienias JL, Bennett DA, Evans DA. Alzheimer Disease in the US population: Prevalence Estimates Using the 2000 census (Estimativas de prevalência utilizando o censo de 2000). Archives of Neurology. 2003;60(8):1119-22. doi:10.1001/archneur.60.8.1119. PMID 12925369.
"Perfis de caraterísticas demográficas gerais, Censo de População e Habitação de 2000, Estados Unidos" (PDF). Gabinete do Censo dos EUA. 2001. Arquivado (PDF) do original em 19 de agosto de 2008. Recuperado em 27 de agosto de 2008.

Ferri CP, Prince M, Brayne C, Brodaty H, et al. Global Prevalence of Dementia: A Delphi Consensus Study. Lancet. 2005;366(9503):2112-7. doi:10.1016/S0140- 6736(05)67889-0. PMID 16360788.
Organização Mundial de Saúde (2006). Distúrbios neurológicos: Desafios para a saúde pública. Suíça: Organização Mundial de Saúde. pp. 204-207. ISBN 978-92-4-156336-9.
Estimativa de prevalência de 2006:
Brookmeyer R, Johnson E, Ziegler-Graham K, Arrighi HM. Forecasting the global burden of Alzheimer's disease (Previsão do peso global da doença de Alzheimer). Alzheimer's & Dementia. 2007 [Recuperado em 18 de junho de 2008];3(3):186-91. doi:10.1016/j.jalz.2007.04.381. PMID 19595937.
Perspectivas da população mundial: a revisão de 2006, destaques [PDF]. 2007 [Obtido em 27 de agosto de 2008].
Augusto D.:
Alzheimer Alois. Über eine eigenartige Erkrankung der Hirnrinde [Sobre uma doença peculiar do córtex cerebral]. Allgemeine Zeitschrift fur Psychiatrie und PsychischGerichtlich Medizin. 1907;64(1-2):146-148. **(Alemão)**.
Alzheimer Alois. Sobre uma doença peculiar do córtex cerebral. Alzheimer Disease and Associated Disorders. 1987;1(1):3-8. PMID 3331112.
Maurer Ulrike, Maurer Konrad (2003). Alzheimer: The Life of a Physician and the Career of a Disease (Alzheimer: a vida de um médico e a carreira de uma doença). Nova Iorque: Columbia University Press. p. 270. ISBN 0-23111896-1.
Berrios G E. Alzheimer's Disease: Uma História Conceptual. Int. J. Ger. Psychiatry. 1990;5(6):355-365. doi:10.1002/gps.930050603.
Kraepelin Emil, Diefendorf A. Ross (traduzido por) (17 de janeiro de 2007). Psiquiatria Clínica: Um livro didático para estudantes e médicos (reimpressão). Kessinger Publishing. p. 568. ISBN 1-4325-0833-4.
Katzman Robert, Terry Robert D, Bick Katherine L (editores) (1978). Alzheimer's Disease: Senile Dementia and Related Disorders. Nova Iorque: Raven Press. p. 595. ISBN 0- 89004-225-X.
Boller F, Forbes MM. History of Dementia and Dementia in History: An Overview. Journal of the Neurological Sciences. 1998;158(2):125-33. doi:10.1016/S0022- 510X(98)00128-2. PMID 9702682.
Amaducci LA, Rocca WA, Schoenberg BS. Origem da distinção entre a doença de Alzheimer e a demência senil: como a história pode clarificar a nosologia. Neurology. 1986;36(11):1497-9. doi:10.1212/wnl.36.11.1497. PMID 3531918.
Allegri RF, Butman J, Arizaga RL, et al. Impacto económico da demência nos países em desenvolvimento: An Evaluation of Costs of Alzheimer-type Dementia in Argentina. International Psychogeriatrics. 2007;19(4):705-18. doi:10.1017/S1041610206003784. PMID 16870037.
Suh GH, Knapp M, Kang CJ. The Economic Costs of Dementia in Korea, 2002. International Journal of Geriatric Psychiatry (Jornal Internacional de Psiquiatria Geriátrica). 2006;21(8):722-8. doi:10.1002/gps.1552. PMID 16858741.
Wimo A, Jonsson L, Winblad B. An Estimate of the Worldwide Prevalence and Diret Costs of Dementia in 2003 (Uma estimativa da prevalência mundial e dos custos diretos da demência em 2003). Dementia and Geriatric Cognitive Disorders. 2006;21(3):175-81. doi: 10.1159/000090733. PMID 16401889.
Moore MJ, Zhu CW, Clipp EC. Informal Costs of Dementia Care: Estimates from the National Longitudinal Caregiver Study. The Journals of Gerontology. Série B, Ciências Psicológicas e Ciências Sociais. 2001;56(4):S219-28. doi:10.1093/geronb/56.4.S219. PMID 11445614.
Jonsson L, Eriksdotter Jonhagen M, Kilander L, et al. Determinants of Costs of Care for Patients with Alzheimer's Disease. Jornal Internacional de Psiquiatria Geriátrica. 2006;21(5):449-59. doi:10.1002/gps.1489. PMID 16676288.
"O estudo MetLife sobre a doença de Alzheimer: The caregiving experience" (PDF). Instituto do Mercado Maduro da MetLife. agosto de 2006. Arquivado (PDF) do original em 8 de janeiro de 2011. Recuperado em 5 de fevereiro de 2011.
Schneider J, Murray J, Banerjee S, Mann A. EUROCARE: um estudo transnacional de cônjuges

co-residentes que prestam cuidados a pessoas com doença de Alzheimer: I - Factores associados à sobrecarga do prestador de cuidados. International Journal of Geriatric Psychiatry (Jornal Internacional de Psiquiatria Geriátrica). 1999;14(8):651-661. doi:10.1002/(SICI)1099-1166(199908)14:8<651::AID-GPS992>3.0.CO;2-B. PMID 10489656.
Murray J, Schneider J, Banerjee S, Mann A. EUROCARE: A Cross-National Study of Co-resident Spouse Carers for People with Alzheimer's Disease: II-A Qualitative Analysis of the Experience of Caregiving. International Journal of Geriatric Psychiatry (Jornal Internacional de Psiquiatria Geriátrica).
1999;14(8):662-7. doi:10.1002/(SICI)1099-1166(199908)14:8<662::AID- GPS993>3.0.CO;2-4. PMID 10489657.
Zhu CW, Sano M. Economic Considerations in the Management of Alzheimer's Disease. Clinical Interventions in Aging (Intervenções Clínicas no Envelhecimento). 2006;1(2):143-54. doi:10.2147/ciia.2006.1.2.143. PMID 18044111.
Gaugler JE, Kane RL, Kane RA, Newcomer R. Early Community-based Service Utilization and Its Effects on Institutionalization in Dementia Caregiving. The Gerontologist. 2005;45(2):177-85. doi:10.1093/geront/45.2.177. PMID 15799982.
Ritchie K, Lovestone S. The Dementias. Lancet. 2002;360(9347):1759-66. doi:10.1016/S0140-6736(02)11667-9. PMID 12480441.
Brodaty H, Hadzi-Pavlovic D. Psychosocial Effects on Carers of Living with Persons with Dementia (Efeitos psicossociais nos prestadores de cuidados que vivem com pessoas com demência). The Australian and New Zealand Journal of Psychiatry. 1990;24(3):351-61. doi: 10.3109/00048679009077702. PMID 2241719.
Donaldson C, Tarrier N, Burns A. Determinants of Carer Stress in Alzheimer's Disease. International Journal of Geriatric Psychiatry. 1998;13(4):248-56. doi:10.1002/(SICD1099-1166(199804)13:4<248::AID-GPS770>3.0.CO;2-0. PMID 9646153.
Pusey H, Richards D. A Systematic Review of the Effectiveness of Psychosocial Interventions for Carers of People with Dementia (Revisão Sistemática da Eficácia das Intervenções Psicossociais para Cuidadores de Pessoas com Demência). Aging & Mental Health. 2001;5(2):107- 19. doi: 10.1080/13607860120038302. PMID 11511058.
Garrard P, Maloney LM, Hodges JR, Patterson K. The Effects of Very Early Alzheimer's Disease on the Characteristics of Writing by a Renowned Author. Brain. 2005;128(Pt 2):250-60. doi:10.1093/brain/awh341. PMID 15574466.
Sherman FT. Did President Reagan Have Mild cognitive Impairment While in Office? Living Longer with Alzheimer's Disease. Geriatrics. 2004;59(9):11, 15. PMID 15461232.
Venneri A, Forbes-Mckay KE, Shanks MF. Impoverishment of Spontaneous Language and the Prediction of Alzheimer's Disease (Empobrecimento da linguagem espontânea e previsão da doença de Alzheimer). Brain. 2005;128(Pt 4):E27. doi:10.1093/brain/awh419. PMID 15788549.
"A lenda húngara Puskas morre aos 79 anos". BBC News. 17 de novembro de 2006. Recuperado em 25 de janeiro de 2008.
"Primeiros-ministros da História: Harold Wilson". Londres: 10 Downing Street. Arquivado do original em 25 de agosto de 2008. Recuperado em 18 de agosto de 2008.
"Mi padre no reconoció al Rey pero notó el cariño". Madrid: El País. 2008. Recuperado em 1 de outubro de 2008.
"George Fernandes está a ser tratado para a doença de Alzheimer pelo Guru do Yoga Ramdev". DNA. 19 de janeiro de 2010. Arquivado do original em 22 de janeiro de 2010. Recuperado em 19 de janeiro de 2010.
"Gala Rita Hayworth de Chicago". Associação de Alzheimer. 2007. Recuperado em 3 de fevereiro de 2010.
"Charlton Heston tem sintomas de Alzheimer". CNN. 9 de agosto de 2002. Arquivado do original em 1 de fevereiro de 2008. Recuperado em 25 de janeiro de 2008.
"Harnett T. Kane, 73, autor de livros sobre o sul". The New York Times. 14 de setembro de 1984. Recuperado em 2 de agosto de 2014.
"O vencedor do Nobel Kao está a lidar com a fama e a doença de Alzheimer". China Daily. 9 de outubro de 2009. Arquivado do original em 24 de janeiro de 2011. Recuperado em 6 de fevereiro de 2011.
Pauli Michelle (12 de dezembro de 2007). "Pratchett anuncia que tem Alzheimer". Londres:

Guardian News and Media. Arquivado do original em 29 de setembro de 2008. Recuperado em 18 de agosto de 2008.
McFadden, Robert D. (18 de janeiro de 2011). "R. Sargent Shriver, líder do Corpo da Paz, morre aos 95 anos". The New York Times. Recuperado em 2015-08-18.
Bayley John (2000). Iris: A Memoir of Iris Murdoch. Londres: Abacus. ISBN 978-0349-11215-2. OCLC 41960006.
Nicholas Sparks (1996). The notebook. Thorndike, Maine: Thorndike Press. p. 268. ISBN0-7862-0821-X.
"Thanmathra". Webindia123.com. Recuperado em 24 de janeiro de 2008.
Ogiwara Hiroshi (2004). Ashita no Kioku (em japonês). Tóquio: Köbunsha. ISBN 9784-334-92446-1. OCLC 57352130.
Munro Alice (2001). Ódio, amizade, namoro, amor, casamento: Stories. New York: A.A. Knopf. ISBN 978-0-375-41300-1. OCLC 46929223.
Malcolm e Barbara:
"Malcolm e Barbara: uma história de amor". Dfgdocs. Recuperado em 24 de janeiro de 2008.
"Malcolm e Barbara: Uma história de amor". BBC Cambridgeshire. Recuperado em 2 de março de 2008.
Plunkett J (7 de agosto de 2007). "Cineasta de Alzheimer para enfrentar advogados da ITV". Londres: Guardian Media. Arquivado do original em 15 de janeiro de 2008. Recuperado em 24 de janeiro de 2008.
"Ensaios Clínicos. Encontrámos 1504 estudos com a pesquisa de: alzheimer". Institutos Nacionais de Saúde dos EUA. Recuperado em 30 de outubro de 2014.
Lashuel HA, Hartley DM, Balakhaneh D, et al. Nova classe de inibidores da formação de fibrilas beta-amilóides. Implications for the Mechanism of Pathogenesis in Alzheimer's Disease. The Journal of Biological Chemistry. 2002;277(45):42881-42890. doi: 10.1074/jbc.M206593200. PMID 12167652.
Dodel R, Neff F, Noelker C, et al. Imunoglobulinas intravenosas como tratamento da doença de Alzheimer: Rationale and Current Evidence. Drugs. 2010;70(5):513-528. doi: 10.2165/11533070-000000000-00000. PMID 20329802.
Vacinação:
Hawkes CA, McLaurin J. Immunotherapy as Treatment for Alzheimer's Disease (Imunoterapia como tratamento da doença de Alzheimer). Expert Review of Neurotherapeutics. 2007;7(11):1535-48. doi:10.1586/14737175.7.11.1535. PMID 17997702.
Solomon B. Clinical Immunologic Approaches for the Treatment of Alzheimer's Disease (Abordagens imunológicas clínicas para o tratamento da doença de Alzheimer). Opinião de peritos sobre medicamentos em investigação. 2007;16(6):819-28. doi:10.1517/13543784.16.6.819. PMID 17501694.
Woodhouse A, Dickson TC, Vickers JC. Estratégias de vacinação para a doença de Alzheimer: Uma nova esperança? Drugs & Aging. 2007;24(2):107-19. doi: 10.2165/00002512200724020-00003. PMID 17313199.
"Estudo de avaliação do ACC-001 em indivíduos com doença de Alzheimer ligeira a moderada". Ensaio clínico. Institutos Nacionais de Saúde dos EUA. 11 de março de 2008. Recuperado em 5 de junho de 2008.
"Estudo de avaliação da segurança, tolerabilidade e imunogenicidade do ACC-001 em indivíduos com doença de Alzheimer". Institutos Nacionais de Saúde dos EUA. Recuperado em 5 de junho de 2008.
"Ensaio da vacina contra a doença de Alzheimer suspenso por preocupação com a segurança". Medpage Today. 18 de abril de 2008. Recuperado em 14 de junho de 2008.
"Bapineuzumab em doentes com doença de Alzheimer ligeira a moderada/não portadores de Apo e4" (ensaio clínico). Institutos Nacionais de Saúde dos EUA. 29 de fevereiro de 2008. Arquivado do original em 22 de março de 2008. Recuperado em 23 de março de 2008.
"Estudo de Segurança, Tolerabilidade e Eficácia para Avaliar Indivíduos com Deficiência Cognitiva Ligeira" (Ensaio Clínico). Institutos Nacionais de Saúde dos EUA. 11 de março de 2008. Recuperado em 23 de março de 2008.
"Estudo de avaliação da segurança, tolerabilidade e eficácia do PBT2 em doentes com doença de Alzheimer precoce" (ensaio clínico). Institutos Nacionais de Saúde dos EUA. 13 de janeiro

de 2008. Recuperado em 23 de março de 2008.
Investigação sobre o Etanercept:
Tobinick E. Modulação do fator de necrose tumoral para o tratamento da doença de Alzheimer: fundamentos e provas actuais. CNS Drugs. setembro de 2009;23(9):713-25. doi: 10.2165/11310810-000000000-00000. PMID 19689163.
Tobinick E, Gross H, Weinberger A, Cohen H. Modulação do TNF-alfa para o tratamento da doença de Alzheimer: Um estudo piloto de 6 meses. Medscape General Medicine. 2006;8(2):25. PMID 16926764.
Griffin WS. Perispinal etanercept: Potential as an Alzheimer Therapeutic. Journal of Neuroinflammation. 2008;5:3. doi: 10.1186/1742-2094-5-3. PMID 18186919.
Tobinick E. Perispinal Etanercept for Treatment of Alzheimer's Disease (Etanercept perispinal para o tratamento da doença de Alzheimer). Current Alzheimer Research. 2007;4(5):550-2. doi:10.2174/156720507783018217. PMID 18220520.
Cheng X, Shen Y, Li R. Targeting TNF: a therapeutic strategy for Alzheimer's disease. Descoberta de drogas hoje. 4 de julho de 2014. doi: 10.1016 / j.drudis.2014.06.029. PMID 24998784.
Wischik Claude M, Bentham Peter, Wischik Damon J, Seng Kwang Meng. A terapia com o inibidor da agregação de tau (TAI) rember™ impede a progressão da doença na doença de Alzheimer ligeira e moderada durante 50 semanas. Alzheimer & Dementia. 2008 [Obtido em 30 de julho de 2008];4(4):T167. doi:10.1016/j.jalz.2008.05.438.
Harrington C, Rickard J, Horsley D, et al. O cloreto de metiltionínio (MTC) actua como um inibidor da agregação da tau (TAI) num modelo celular e inverte a patologia da tau em modelos de ratinhos transgénicos da doença de Alzheimer. Alzheimer & Dementia. 2008;4(4):T120-T121. doi:10.1016/j.jalz.2008.05.259.
Doody RS, Gavrilova SI, Sano M, et al. Effect of dimebon on cognition, activities of daily living, behaviour, and global function in patients with mild-to-moderate Alzheimer's disease: a randomised, double-blind, placebo-controlled study. Lancet. 2008;372(9634):207- 15. doi:10.1016/S0140-6736(08)61074-0. PMID 18640457.
Bezprozvanny I. A ascensão e queda do Dimebon. Notícias e Perspectivas sobre Drogas. October 2010;23(8):518-23. doi:10.1358/dnp.2010.23.8.1500435. PMID 21031168.
"Pfizer e Medivation anunciam resultados de dois estudos de fase 3 no programa de desenvolvimento clínico da doença de Alzheimer Dimebon (latrepirdina *) (NASDAQ: MDVN)" (Comunicado de imprensa). Recuperado em 16 de novembro de 2012.
Wendler A, Wehling M. Translatability scoring in drug development: eight case studies. Jornal de Medicina Translacional. 2012;10(10):39. doi:10.1186/1479-5876-10-39. PMID 22397594.
Baddeley TC, McCaffrey J, Storey JM, et al. (15 de outubro de 2014). "A disposição complexa das formas redox de metiltionínio determina a eficácia da terapia inibidora da agregação de tau para a doença de Alzheimer". J Pharmacol Exp Ther **352** (1): 110-118. doi:10.1124/jpet.114.219352. PMID 25320049.
Wischik CM, Harrington CR, Storey JM. Terapia com inibidores da agregação de Tau para a doença de Alzheimer. Biochem Pharmacol. 15 de abril de 2014;88(4):529-39. doi:10.1016/j.bcp.2013.12.008. PMID 24361915.
Martin C, Solis L, Concha MI, Otth C. Herpes simplex virus tipo 1 como fator de riesgo asociado con la enfermedad de Alzheimer [Vírus Herpes Simplex Tipo 1 como Fator de Risco Associado à Doença de Alzheimer]. Revista Médica De Chile. junho 2011;139(6):779- 86. Spanish. doi:10.4067/S0034-98872011000600013. PMID 22051760.
Wozniak MA, Mee AP, Itzhaki RF. O ADN do vírus Herpes Simplex tipo 1 está localizado nas placas amilóides da doença de Alzheimer. The Journal of Pathology. 2008;217(1):131- 138. doi:10.1002/path.2449. PMID 18973185.
Marciniak R, Sheardova K, Cermakova P, Hudecek D, Sumec R, Hort J. Effect of Meditation on Cognitive Functions in Context of Aging and Neurodegenerative Diseases. Fronteiras em Neurociência Comportamental. 2014;8:17. doi:10.3389/fnbeh.2014.00017. PMID 24478663.
Clark CM, Schneider JA, Bedell BJ, et al. A FDA recomenda a aprovação de um novo composto para a deteção da doença de Alzheimer. JAMA. 19 de janeiro de 2011;305(3):275-83. doi:10.1001/jama.2010.2008. PMID 21245183.
Larouche E, Hudon C, Goulet S (janeiro de 2015). "Benefícios potenciais das intervenções baseadas na atenção plena no comprometimento cognitivo leve e na doença de Alzheimer: Uma

perspetiva interdisciplinar". Behav Brain Res **1** (276): 199-212. doi:10.1016/j.bbr.2014.05.058.
"Autópsias revelam sinais de Alzheimer em pacientes com hormonas de crescimento".
"Evidências da transmissão humana da patologia amiloide-ß e da angiopatia amiloide cerebral".
Dougall NJ, Bruggink S, Ebmeier KP. Revisão sistemática da precisão diagnóstica do 99mTc-HMPAO-SPECT na demência. The American Journal of Geriatric Psychiatry. 2004;12(6):554-70. doi:10.1176/appi.ajgp.12.6.554. PMID 15545324.
Carpenter AP, Pontecorvo MJ, Hefti FF, Skovronsky DM. The Use of the Exploratory IND in the Evaluation and Development of^{18} F-PET Radiopharmaceuticals for Amyloid Imaging in the Brain: A Review of One Company's Experience. The Quarterly Journal of Nuclear Medicine and Molecular Imaging (Jornal Trimestral de Medicina Nuclear e Imagiologia Molecular). agosto de 2009;53(4):387-93. PMID 19834448.
Leung K (8 de abril de 2010). "(E)-4-(2-(6-(2-(2-(2-(F-^{18} fluoroetoxi)etoxi)etoxi)piridin-3-il)vinil)-N-metil benzenamina [[^{18} F]AV-45]]]". Base de dados de imagiologia molecular e agentes de contraste. Recuperado em 24 de junho de 2010.
Rabinovici GD, Jagust WJ. Imagem Amiloide no Envelhecimento e Demência: Testing the Amyloid Hypotheses in Vivo. Behavioural Neurology. 2009;21(1):117-28. doi: 10.3233/BEN-2009-0232. PMID 19847050. PMC 2804478.
O'Brien JT. Role of Imaging Techniques in the Diagnosis of Dementia (Papel das Técnicas de Imagem no Diagnóstico da Demência). Jornal Britânico de Radiologia. dezembro de 2007;80(Spec No 2):S71-7. doi:10.1259/bjr/33117326. PMID 18445747.

A minha vida

Shahin Asadi, estudante de Genética Molecular, estudou Biologia Molecular na Universidade Islâmica Azad de Tabriz Ciências. Licenciatura em Biologia Molecular e Celular-Genética, Mestrado em Biologia Molecular e Genética Diretor de investigação, investigador nuclear do Centro Nacional de Engenharia Genética e Biotecnologia do Irão.

Biografia

Nasci a 20 de março de 1985 na cidade de Tabriz, Irão. Concluí o ensino básico e secundário na cidade de Tabriz, Irão. Sou licenciado em Biologia Molecular e CelularGenética e mestre em Biologia MolecularGenética, estudante de Genética Molecular no Irão.

Pesquisa de currículos

Confira um projeto de pesquisa para avaliar polimorfismos Haplótipos VNTR, MSPI, PAH GENES família de três pessoas em Tabriz no Irã, Publicado na revista Bulletin of Environment, Pharmacology and Life Sciences. índice isi e Fator de Impacto de 0,98, Publicado em março de 2015.

Confira um projeto de pesquisa para avaliar os polimorfismos genéticos MTHFR C677T em pacientes com doenças cardiovasculares da população da cidade de Tabriz no Irã, Publicado na revista Bulletin of Environment, Pharmacology and Life Sciences, índice isi e Fator de Impacto de 0,98, Publicado em março de 2015.

Avaliação da dosimetria de doentes cardiovasculares e pessoal hospitalar, projeto de investigação concluído com a Siemens e a Shimadzu Tabriz no Irão, publicado na revista Bulletin of Environment, Pharmacology and Life Sciences, índice isi e fator de impacto de 0,98, publicado em agosto de 2015.

Confira um projeto de pesquisa para avaliar a frequência de mutações genéticas em pacientes com policitemia vera JAK2V617F da população da cidade de Tabriz no Irã, Publicado no WORLD JOURNAL OF PHARMACY AND PHARMACEUTICAL SCIENCES, índice isi e Fator de Impacto de5.210, Publicado em novembro de 2015.

Confira um projeto de pesquisa para AVALIAÇÃO DAS DOENÇAS Mieloproliferativas CRÔNICAS EM PACIENTES COM LMC FREQUÊNCIA DA MUTAÇÃO JAK2V617F DE TABRIZ NO IRÃ PELA TÉCNICA DE ARMS-PCR, Publicado no WORLD JOURNAL OF PHARMACY AND PHARMACEUTICAL SCIENCES, índice isi e Fator de Impacto de 5,210, Publicado em novembro de 2015.

Confira um projeto de pesquisa para Avaliação de mutações no gene da beta-globina em pacientes com beta-talassemia criada na cadeia, a população da cidade de Tabriz no Irã Publicado no WORLD JOURNAL OF PHARMACY AND PHARMACEUTICAL SCIENCES, índice isi e Fator de Impacto de 5,210, Publicado **em fevereiro** de 2016.

Confira um projeto de pesquisa para Avaliação de pacientes com distrofia muscular em Tabriz

no nível de proteína usando técnicas de Imunohistoquímica Publicado no WORLD JOURNAL OF PHARMACY AND PHARMACEUTICAL SCIENCES, índice isi e Fator de Impacto de 5,210, Publicado **em fevereiro** de 2016.
Verificar um projeto de investigação sobre a eficácia dos miR-93, miR-20a, miR-20b,RORC,STAT3,$CD4^+$,SMAD6,SMAD7,MTOR,FOXO1,FOXP3,GATA3,PPAR&INFY,HIF1a,IL- 17,IL-23,IL-1R,IL-21R,IL-21,IL-22,IL-6,T-bet,SMAD4,SMAD2,STAT5a,STAT5b,STAT1,STAT4,STAT6, Na diferenciação celular naïve $CD4^+$ de células Th17 em Pacientes com esclerose múltipla na cidade de Tabriz no Irão Publicado no WORLD JOURNAL OF PHARMACY AND PHARMACEUTICAL SCIENCES, índice isi e Fator de Impacto de 5.210, Publicado **em fevereiro de** 2016.
Publicou 20 artigos no Journal of Medical Lab News Iran, publicou 14 artigos no Journal of Laboratory Diagnosis Iran, publicou 4 artigos na revista Lab'**s** message, publicou um artigo na revista Medical Engineering and Medical Laboratory Iran.

MIX
Papier aus verantwortungsvollen Quellen
Paper from responsible sources
FSC® C105338

Printed by Books on Demand GmbH, Norderstedt / Germany